FIRST-CLASS

하루 한 권, 일류

고다마 미쓰오 지음

김나정 옮김

일류로 성장하기 위한 노력의 과학적 기술

고다마 미쓰오(児玉光雄)

1947년 효고현(兵庫県)에서 태어났다. 교토대학 공학부를 졸업했으며, 학창 시절에는 테니스 선수로 활약해 전일본선수권에도 출전한 경험이 있다. 미국 UCLA에서 공학 석사 학위를 취득했고, 이후 올림픽위원회 객원 연구원으로 일하며 선수의 데이터 분석을 맡았다. 주요 연구 분야는 임상 스포츠 심리학과 체육 방법학이다. 가노야체육대학(鹿屋体育大学) 교수를 거쳐, 오우테몬가쿠인대학(追手門学院大学) 특별고문을 역임하고 있으며, 일본 스포츠 심리학회 회원이자 일본체육학회 회원으로도 활동하고 있다.

약 150권 이상의 도서를 집필했으며, 판매량은 250만 부 이상이다. 국내에 번역된 도서로는 『잘되는 나를 만드는 최고의 습관』, 『비타민 우뇌 IQ』, 『공부의 기술』, 『한 가지만 바꿔도 결과가 확 달라지는 공부법』, 『이치로 사고』 등이 있다.

들어가며

많은 사람들은 '일류란 머리가 영민하거나 스포츠에 재능을 가지고 태어난 극소수의 사람들이며, 나와는 관계가 없다'고 생각한다. 하지만 이는 시대에 뒤처진 생각이자 완전히 잘못된 정의다. 우리는 누구든 일류가 될 수 있다.

나는 이 책에서 임상 스포츠 심리학, 체육 방법학, 발달 심리학 등의 연구를 폭넓게 소개하면서 최대한 과학적으로 증명된 데이터를 사용하고자 했다. 나아가 창조력을 발휘하기 위한 구체적인 방법들을 제안했다. 이 책을 읽은 후, 아이디어를 떠올리는 습관을 들인다면 당신 눈앞에도 일류로 가는 길이 펼쳐질 것이다.

이 세상은 뛰어난 재능을 가졌지만, 그 재능을 펼치지 못하고 제자리걸음만 하는 사람들로 넘쳐난다. 그들이 두각을 나타내지 못하는 이유는 현실에 만족하며 살아가기 때문이다. 그들은 힘들게 노력하지 않아도 요령껏 어떤 일이든 처리할 수 있다. 이 때문에 뛰어난 재능이 정체된 것이다.

예를 들어 로스앤젤레스 에인절스(Los Angeles Angels)의 오타니 쇼헤이(大谷翔平) 선수는 야구라는 경기 종목에 적합한 체격과 반사 신경을 가지고 태어났다. 하지만 그가 메이저 리거가 될 수 있었던 것은 야구에 대한 열정이 매우 강했기 때문이다. 오타니는 어린 시절부터 야구에 열정을 쏟아 그의 인생을 모두 바쳤기에 눈부신 재능을 습득할 수 있었다. 일류가 되는 데 필요한 에너지원 중 가장 중요한 하나는 바로 '열정'이다.

여러 분야에서 일류가 되기에 인생이 너무 짧다. 한 분야에 집중하여 감성을 발휘하고, 오랜 시간 열정을 쏟는 것이야말로 눈부신 재능을 갖추는 지름길이다.

나는 '인간은 어떤 분야에서든지 일류가 될 가능성을 품고 태어난다'고 생각한다. 또 자기 자신을 단련시키는 것에 늦은 시기란 없다고 생각한다. 실제로 80세 이후에 영어나 수영을 시작해 꾸준히 실력이 늘고 있는 사람들이 무척 많다. 인간은 죽을 때까지 성장할 수 있다는 뜻이다.

오늘날 인공 지능(AI)이 장기나 바둑의 정점에 올라 있는 기사들을 이기며 화두에 오르고 있다. '이제 인간의 힘으로 인공 지능을 넘어설 수 없는가?' 하는 비관적인 시선을 던지는 사람들도 많을 것이다.

하지만 번뜩이는 아이디어를 내는 능력에 한해서 뇌를 능가하는 인공 지능이 나올 수 없다고 생각한다. 그렇다고 해서 지금 이대로 안주해도 좋다는 뜻은 아니다. 그렇다면 우리는 평소에 어떻게 행동하면 될까? 현대인은 문자와 숫자를 통한 정보 입력 작업에 방대한 시간을 들인다. 그렇기에 자연스럽게 비언어적 출력 작업에 들이는 시간이 압도적으로 부족하다. 번뜩이는 아이디어를 떠올리는 재능에는 수 세기 전에 살았던 르네상스 시대 사람들이 현대인보다 더 뛰어날지도 모른다.

뇌는 아날로그식으로 만들어져 있으며, 본래 문자나 숫자를 처리하기 위한 부위가 아니다. 물론 우리는 문자를 읽고 계산도 할 수 있지만, 이것은 뇌가 습득한 능력일 뿐, 익숙지 않은 능력이다.

반면 뇌는 번뜩이는 아이디어를 내는 데 뛰어난 능력을 가지고 있다. 본서의 과학적 데이터를 토대로 한 두뇌 활용법을 숙지해 일상생활에 적용한다면, 누구나 아이디어를 떠올리는 천재가 될 수 있을 것이다. 이 능력은 태어날 때부터 가지고 태어나는 재능이 아니라, 후천적으로 습득할 수 있는 기술이다.

번뜩이는 아이디어는 언제 어디서 나타날지 모른다. 화장실 안이거나 샤워 중일 때처럼 그 아이디어를 형태로 남기기 힘든 장소에서 나타나기도 한다. 당신의 뇌에서 발생한 아이디어는 80% 정도가 이미 어둠 속으로 사라졌던 것들일지도 모른다. 그러니 항상 번뜩이는 아이디어를 받아들일 준비를 해두어야 한다.

마지막으로 매력적인 일러스트를 그려주신 니시카와 다쿠(にしかわたく) 씨에게 감사의 마음을 전하고 싶다.

고다마 미쓰오

목차

제3장 비활성화 뇌 깨우기

제4장 직감을 극한까지 끌어올리는 기술

제5장 번뜩임을 최대화하는 기술

제6장 번뜩임을 구체화하는 기술

제7장 자녀를 일류로 키우는 비결

제8장 자녀를 일류 운동선수로 키우는 기술

제9장 일류로 나아가기 위한 트레이닝

제1장

잠재 능력을 발휘하는 기술

1-1

일류의 사고 패턴 이해하기

'일류라고 불리는 사람은 곧 재능이 있는 사람'이라는 단편적인 생각은 잘못되었다. 조금만 생각을 바꾸면 우리의 인생은 극적으로 바뀔 수 있다. 다음 페이지는 일류의 사고방식과 일반인의 사고방식을 비교한 그림이다. 오늘부터 일류의 사고방식을 가지고 살아가 보자. 그 생각이 여러분을 일류로 만들어 줄 것이다.

이 세계에는 뛰어난 재능을 가졌지만, 그것을 갈고닦지 않아 제자리걸음하는 사람이 많다. 이들의 결점은 도리어 '넘치는 재능'이라 할 수 있다. 이 사람들은 최소한의 노력으로 적당한 결과를 낼 수 있기 때문에 늘 에너지를 아낀다. 자신의 한계에 도전해 위로 올라가려 하지 않는 습관이 몸에 밴 것이다. 이런 습관은 잠재 능력이 성장하는 데 장애물이 되어 이들이 두각을 나타내지 못하게 한다.

인공 지능이 급속히 발달하고 있는 가운데, 앞으로 수재형 인간은 모두 인공 지능으로 대체되고, 인공 지능이 따라 할 수 없는 특별한 재능을 가진 천재형 인간만이 살아남는 시대가 될 것이다.

시대가 변해도 사람들에게 감동을 주는 축구 선수 크리스티아누 호날두나 테니스 선수 로저 페더러(Roger Federer) 같은 천재들의 가치는 절대 낮아지지 않을 것이다. 매년 끊임없이 베스트셀러 작품을 쓰는 인기 작가도 마찬가지다. 경험이 풍부한 외과 의사, 변호사, 비행기 조종사가 인공 지능으로 대체되는 시대도 그리 빨리 오진 않을 것이다.

일류인 사람과 보통 사람의 사고방식 차이

사고방식을 바꾸면 자연스레 행동 방식도 바뀐다. 행동 양식이 바뀌면 성과도 달라진다.

1-2

좋아하면서 잘하는 일 찾기

자신의 재능을 찾기 위해 먼저 내가 '좋아하는 것'과 '잘하는 것'을 적어보자. 만약 좋아하면서 잘하는 일이 있다면 그것은 당신의 씨앗이 될 수 있다. 우리 사회에서 '성공한 사람'이라고 불리는 이들은 대부분 만능 캐릭터가 아니다. 대신 이들은 다른 사람이 절대 흉내낼 수 없는 자신만의 강력한 무기를 업으로 삼아 성공했다.

대표적인 예로 스포츠를 들 수 있다. 스포츠를 직업으로 삼는 사람들은 대부분 어린 시절부터 '좋아하면서 잘하는 일'을 경기 종목으로 선택한다. 거기에 피나는 노력을 더해 프로 스포츠 선수가 되는 것이다. 야구의 류현진, 축구의 손흥민, 피겨스케이팅의 김연아 같은 일류 선수가 이에 해당한다.

생각해 보면, 딱 한 가지 재능을 제외한다면 이들은 우리와 크게 다르지 않다. 즉 사회가 이들을 평가하는 기준은 이들의 강력한 무기인 것이다. 이들의 두 번째 재능에는 아무도 관심 없다.

일류가 되려면 내가 가장 잘하는 분야에서 결판을 내야 한다. 이러한 마음가짐으로 내가 가장 좋아하고 잘하는 무기가 무엇인지 찾아보자. 그리고 그것을 갈고닦기 위해 시간을 쏟아보자.

나는 '좋아하고 잘하는 일을 직업으로 삼을 수 있는 사람은 분명 행복한 인생을 살아갈 수 있다'고 확신한다. 도표1-1의 '좋아하면서 잘하는 일 찾기 체크 시트'를 활용하여 나만의 가장 강력한 무기를 찾아보자.

도표 1-1 좋아하면서 잘하는 일 찾기 체크 시트

내가 좋아하면서 잘하는 것을 생각나는 대로 아래에 적어보자.

총점이 15점을 넘는다면 그것은 당신의 천직일 가능성이 크다.

좋아하면서 잘하는 일	❶	❷	❸	❹	총 점수
1.					
2.					
3.					
4.					
5.					
6.					
7.					
8.					
9.					
10.					

아래 네 개의 질문에 대한 점수를 각 항목에 적어보자.

❶ 당신이 좋아하는 일인가?
❷ 당신이 잘하는 일인가?
❸ 업무에 필요한가?
❹ 이 일을 직업으로 삼아보고 싶은가?

매우 그렇다 ---------- 5점
그렇다 ---------------- 4점
어느 쪽도 아니다 ----- 3점
그렇지 않다 ---------- 2점
매우 그렇지 않다 ----- 1점

출처: 児玉光雄, 『すぐやる力やり抜く力』, 三笠書房, 2017.

1-3

재능의 우물 꾸준히 파기

자신의 잠재 능력을 발휘하는 것은 '땅을 파서 온천을 발견하는 일'과 매우 비슷하다. 도쿄에서는 땅을 1,500미터 이상 파다보면 수맥에 닿아 온천이 나온다고 한다.

1,500미터까지만 파면 분명 온천이 나올 텐데 1,490미터에서 포기해 버린다면, 포기하는 순간 그동안 쏟은 모든 노력은 무의미해진다. 땅을 파는 데 들어간 비용 수억 원 역시 마찬가지다.

이렇게 생각하면 손흥민 선수나 김연아 선수는 1,300미터 지점에서 이미 온천의 수맥을 발견한 경우다.

그들보다 재능이 뛰어나지 않은 선수라면 1,700미터를 파야 온천을 발견할 수 있을 것이다. 하지만 그 차이는 고작 400미터 정도다. 시기의 차이는 있겠지만, 포기하지 않고 땅을 파다 보면 분명 수맥을 발견하는 시점이 온다.

때로는 너무 단단해 파기 어려운 암반을 맞닥뜨릴 때도 있을 것이다. 하지만 자신의 잠재력을 믿고 연습에 매진한다면, 언젠가 잠재 능력이 발현되어 결국 자신의 무기가 될 것이다. 땅속 온천을 발견한 순간, 잠재 능력은 곧 현재(顯在)능력으로 바뀌는 것이다. 자신이 잘하는 일을 발견하고, 그것을 향상시키기 위해 인생이라는 긴 시간을 쏟아 붓는 것은 아마도 일류가 되기 위한 필수 불가결한 요소가 아닐까.

도표 1-2 성장의 S자 커브

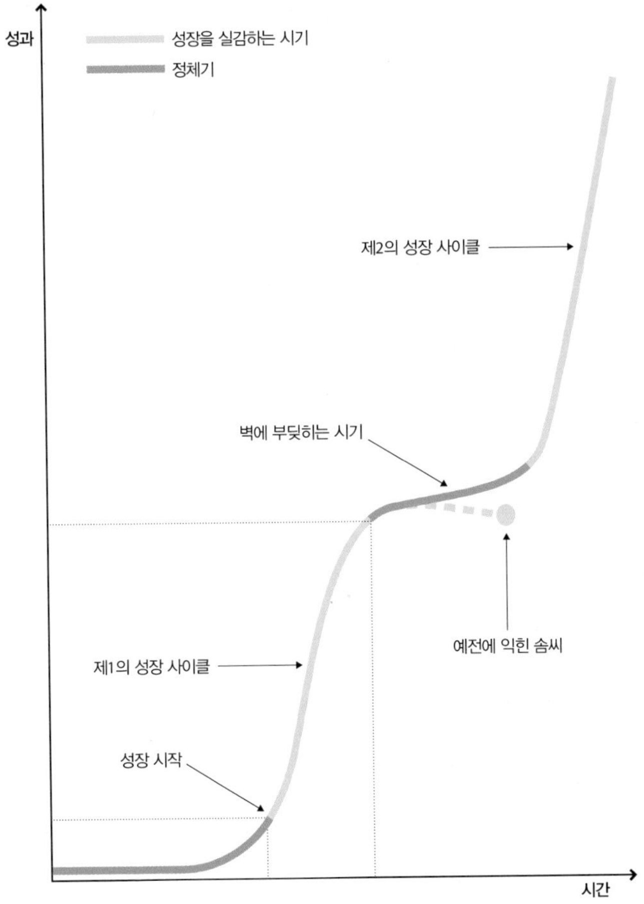

'더는 나아가지 못 하겠다'고 느낄 때도 있을 것이다. 하지만 당신의 S자 커브가 일류인 사람들보다 조금 완만할 뿐 성장을 실감하는 시기는 분명 온다.

참고: 柳沢幸雄, 『自信は「この瞬間」に生まれる』, ダイヤモンド社, 2014.

1-4

몰입 상태 경험하기

운동선수에게 '최고의 순간'은 바로 몰입 상태다. 몰입 상태란 긴장하지 않고 최고의 성과를 발휘할 수 있는 순간으로 누구나 배우고 싶은 기술일 것이다. 하지만 최첨단 과학기술로도 몰입 상태를 의식적으로 습득하는 것은 어렵다고 한다.

예를 들면 골프계의 슈퍼스타인 조던 스피스(Jordan Spieth)나 제이슨 데이(Jason Day)는 대회 첫날 62타라는 엄청난 결과를 내 기대를 모았지만, 다음날 77타라는 아쉬운 성적으로 마무리하는 일이 적지 않았다.

같은 선수가 같은 코스와 골프채, 동일한 품질의 공으로 경기하는데도 이처럼 큰 차이가 나는 이유는 무엇일까? 그 해답은 아직 베일에 싸여 밝혀지지 않았다. 하지만 일류 운동선수일수록 이 신비로운 순간이 찾아오는 빈도가 잦다고 하는데, 이 역시 일류이기에 가능한 일이다.

몰입 연구의 세계적인 권위자 미하이 칙센트미하이(Mihaly Csikszentmihalyi) 박사는 『석세스 매거진(Success Magazine)』에서 몰입 상태를 구체적으로 소개하며, 특정 단계를 따라가면 결국 몰입 상태에 빠질 수 있다고 주장한다. 이 단계는 다음 페이지에 정리되어 있다.

칙센트미하이 박사는 저서에서 몰입 상태에 대해 이렇게 설명했다.

> 목표가 명확하고, 신속한 피드백이 존재하며, 기술과 도전의 균형이 맞추어진 상태에서 활동할 때 우리의 의식은 변화하기 시작한다. 이때는 집중이 초점을 맞추고, 산만함은 소멸되며, 시간의 경과와 자아의 감각을 잃는다. 그 대신 우리는 행동을 제어하고 있다는 감각을 얻고, 세상과 일체화된 느낌을 받는다. 우리는 이 체험의 특별한 상태를 '몰입'이라고 부르기로 했다.

M. チクセントミハイ, 『フロー体験入門』, 世界思想社, 2010.

몰입 상태에 빠지는 포인트

① 도전

② 목표 설정은 높게

③ 높은 집중력

④ 푹 빠지기

⑤ 쾌감 느끼기

⑥ 끝마친 뒤 실감한 높은 성과

완벽한 몰입 상태에 빠지는 방법은 아직 알려지지 않았다. 하지만 이처럼 몰입 상태에 빠지기 쉬운 포인트는 분명 존재한다.

기술과 도전의 균형이 맞춰진 상태에 대해서는 도표 1-3의 '도전 기술 수준'을 참고해 보자. 몰입 상태를 체험한 운동선수나 연구자에 대한 다른 연구에서도 이 최고 순간의 감각에 대해 이렇게 얘기했다.

- 곧 일어날 일을 예측할 수 있었다.
- 그 순간에 대한 일은 잘 기억나지 않는다.
- 최고의 몸과 마음 상태였다.
- 누에고치 안에 들어 있는 듯한 포근한 환경에서 작업할 수 있었다.
- 주변의 잡음과 떠들썩한 분위기가 전혀 신경 쓰이지 않았다.

스웨덴 카롤린스카연구소(Karolinska Institutet)의 프레드리크 울렌(Fredrik Ullén) 교수는 고도의 기술이 필요한 어려운 곡을 연주할 때, 피아니스트들에게 공통적으로 나타나는 현상에 대해 연구했다. 그 결과 몰입 상태에 빠지면 심박 수와 호흡이 안정적이고 규칙적이며, 혈압이 낮아지고, 얼굴에 미소를 만드는 표정근이 활발해진다는 것을 밝혔다.

반대로 생각하면, '평소에 맥박과 호흡을 안정적으로 유지하고, 미소를 지으려 노력하면 몰입 상태에 빠지기 쉽다'고 할 수 있다. 이 책의 뒷부분에서 소개할 9-10의 '쾌감 이미지 트레이닝'과 9-11의 '복식 호흡 트레이닝'을 평소부터 습관화한다면 몰입 상태에 이르는 데 큰 도움이 될 것이다.

도표 1-3 도전 기술 수준

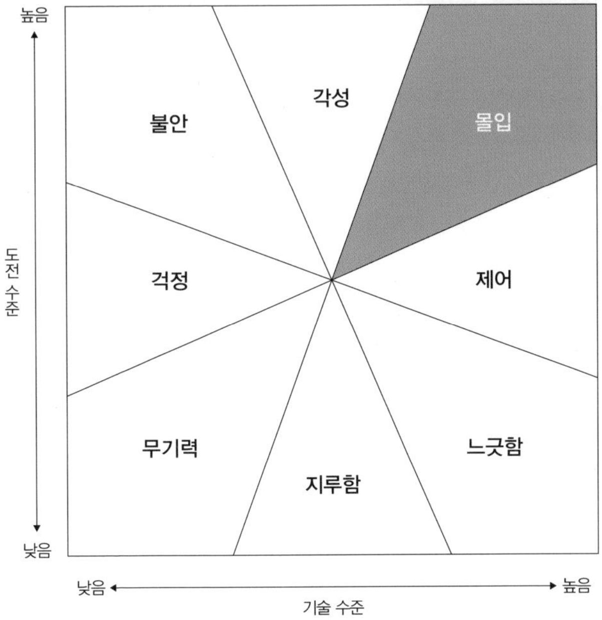

도전 수준과 기술 수준이 모두 높은 경우에 몰입 상태에 빠지기 쉽다.

참고: M. チクセントミハイ,『フロー体験入門』, 世界思想社, 2010.

1-5

질 높은 연습을 위한 일곱 가지 포인트

일류는 노력하는 사람이라는 사실을 잊지 말자. 어떤 분야든 노력 없이 정점에 이르는 사람은 없다. 이 세상에서 단련하지 않고 얻을 수 있는 달인의 기술은 없다. 간단히 습득할 수 있는 기술이 있다 하더라도 그 기술은 점점 높아지는 사회의 요구에 부합하지 않는, 특별할 것 없는 기술일 것이다.

인간문화재라고 칭송받는 사람들은 같은 일을, 같은 시간에, 같은 장소에서 몇 십 년이나 해왔기 때문에 그 자리에 오를 수 있었다. 사회인이라면 먼저 눈앞에 일이 있는 것에 감사하자. 그 안에서 자신의 기술을 갈고 닦는다면, 그것이 바로 일류가 되기 위한 지름길일 것이다.

창조성 개발의 권위자인 마티 노이마이어(Marty Neumeier)는 그의 저서에서 일류가 되기 위한 훈련 비법을 소개했는데, 도표 1-4에 그 내용을 담았다. 이 일곱 가지 비법을 연습한다면, 같은 연습을 거듭하더라도 그 결과는 크게 달라질 것이다.

일류가 되기 위해선 재미없는 단순 작업을 되풀이해야 한다. 대부분의 사람들은 이것에 실패해 일류가 되지 못한다. 다시 말해 극소수의 사람만이 이런저런 생각을 골똘히 하고, 인생을 걸며, 재미없는 단순 작업을 하는 것이다. 당신이 일이나 공부를 할 때, 이 부분을 반영해 보자. 그렇다면 분명 명인의 기술을 얻게 될 것이다.

도표 1-4 연습을 위한 일곱 가지 비법

❶ 환경 정돈

정해진 연습 장소를 확보해 놓는다. 남는 방, 작업실, 아틀리에, 연구실, 스튜디오 혹은 편안한 의자와 책상이 있는 조용한 공간이면 된다. 중간에 끊이지 않고 계속해서 집중할 수 있는 공간을 만들어 두자.

❷ 의식적으로 연습하기

고도의 기술은 기계적인 반복만으로는 습득하기 어렵다. 머리와 마음의 지성적 반복 연습이 필요하다. 어떻게 하면 기술을 더 연마할 수 있을지 항상 의식하면서 반복해 보자. 지금은 의식적으로 연습하는 일이 나중에는 머리를 쓰지 않고도 쉽게 할 수 있는 '습관'이 될 것이다.

❸ 정기적인 시간을 확보한다

남은 시간을 활용하는 것보다 정해진 시간에 연습하는 것이 더 빨리 배울 수 있다. 또 단시간에 향상되는 기술도 있다. 15, 45분 혹은 1시간이라도 좋다. 필요한 시간은 습득하려는 기술에 따라 달라지니 개인의 목표에 따라 설정하자.

❹ 커다란 한 걸음이 아닌 작은 한 걸음

한 번에 장시간 연습하기보다 짧은 연습을 반복하는 것이 효과적이다. 연습, 휴식, 연습, 휴식의 패턴으로 훈련하다 보면 휴식 때마다 실력이 향상된 것을 느낄 수 있을 것이다.

❺ 연습은 즐겁게

게임하듯 연습할 수 있는 방법을 강구해 보자. 가볍게 연습하면서 조금씩 변화를 주어 새로운 규칙을 고안하면서 즐겁게 연습하자. 연습이 허드렛일처럼 느껴지면 학습 효과도 사라지기 쉽다.

❻ 피드백 얻기

기술을 익히는 데 피드백은 필수다. 무언가 도전했다면, 반드시 현재 목표와 최종 목표를 비교하면서 결과를 확인하자. 이렇게 하다 보면 어떤 방식이 효과적인지 무의식적으로 느껴질 것이다.

❼ 작은 향상에도 기뻐하기

스스로 나아졌다고 느끼면, 배움이 즐거워지고 의욕도 생긴다. 작은 성장에도 기뻐하자. 티끌 모아 태산이라는 말이 있듯, 작은 성장을 쌓아 결실을 이루자.

참고: マーティ・ニューマイヤー, 『小さな天才になるための46のルール』, ビー・エヌ・エヌ新社, 2016.

1-6

열정이야말로 창조력의 원천임을 이해하기

수재는 시간을 철저하게 관리하고, 천재는 열정을 철저하게 관리한다. '누가 더 창조성과 어울리는가?'에 대한 답은 말할 필요도 없다. 업무를 예로 들면 주어진 일을 충실히 수행하는 사람이 수재고, 끊임없이 혁신적인 아이디어를 내면서 조직을 극적으로 바꾸는 것이 천재다.

수재는 외적 동기에 반응하고, 천재는 내적 동기에 자극 받는다. 예를 들면 외적 동기로는 돈을 들 수 있고, 내적 동기로는 열정을 들 수 있다. 천재는 열정을 연료 삼아 주변 시선을 개의치 않고 자신의 재능을 폭발시키는 극소수의 사람들이다.

전형적인 천재로는 레오나르도 다빈치를 들 수 있다. 레오나르도 다빈치는 방대한 양의 그림과 조각을 남겼다. 그의 작품 수는 무려 10만 점에 이르며, 발명품을 연구한 원고는 13,000페이지나 된다고 한다.

레오나르도 다빈치가 많은 작품을 만들 수 있었던 연료 또한 열정이었다. 그는 때때로 몇 주 동안 외부 세계와 단절한 채, 자신의 방에 틀어박혀 창작 활동에 몰두했다고 한다. 이것이 가능했던 것은 모두 열정 때문이었을 것이다.

금전적인 보수 또한 분명 매력적인 외적 동기다. 하지만 그것이 열정을 불러일으키는 요소냐고 묻는다면 꼭 그렇지는 않다. 여러분도 열정의 씨앗을 불태워 몇 주까지는 아니더라도 몇 시간 동안만이라도 다른 사람과의 접촉을 단절해 보는 습관을 만들어 보자.

하버드대학은 한 프로젝트를 통해 '창조성이 높은 조직'과 '창조성이 낮은 조직'의 차이를 밝혔는데, 그 결과가 바로 도표 1-5다. '도전적인 업무를 하고 있다', '창조적인 업무 방식을 장려하는 기업이다'와 같이 열정과 관련된 득점이 높은 조직일수록 창조성 평균치가 높다는 결과가 도출됐다. 개인이나 조직을 불문하고 열정에 가득 차 있어야 번뜩이는 아이디어가 나오는 것이다.

도표 1-5 창조적인 조직의 특징

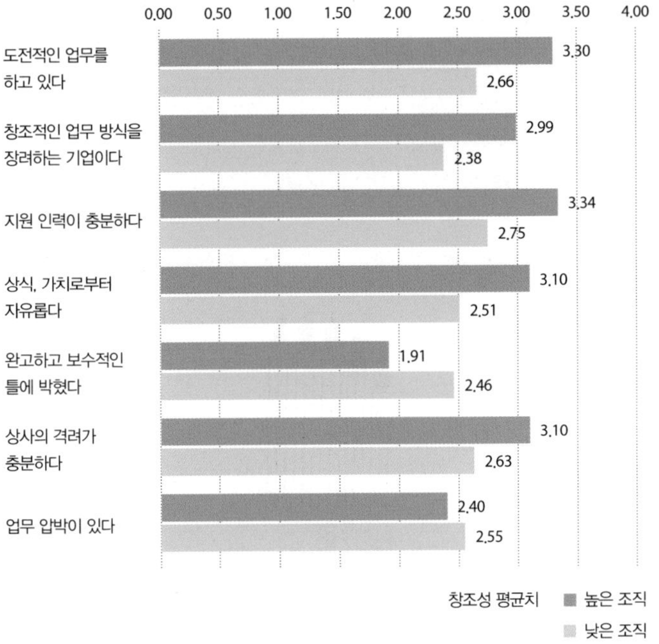

창조성 평균치가 높은 조직은 '완고하고 보수적인 틀에 박혔다', '업무 압박이 있다' 항목의 점수가 낮다.

참고: Amabile, T. M. et al., 『Academy of Management Journal』 39, pp.1154–1184, 1996.

COLUMN
1

착시도로 우뇌 활성화하기

우뇌에 '혼란'을 일으키는 착시도를 보자. 이런 그림을 자주 접하면 우뇌에 자극이 더해져 근육을 풀어주는 마사지 효과를 볼 수 있다. 나아가 번뜩이는 아이디어도 떠올리기 쉬워진다.

아래는 내가 가장 좋아하는 두 가지 착시도다. 그림 A는 신비로운 촛대로 다섯 개의 초 가운데 두 번째와 네 번째는 지지대와 불꽃이 일직선상에 놓여 있지 않은 것처럼 보인다. 그림 B의 신비로운 정육면체 또한 실제로 존재할 수 없는 형태다.

그림 A 신비로운 촛대

그림 B 신비로운 정육면체

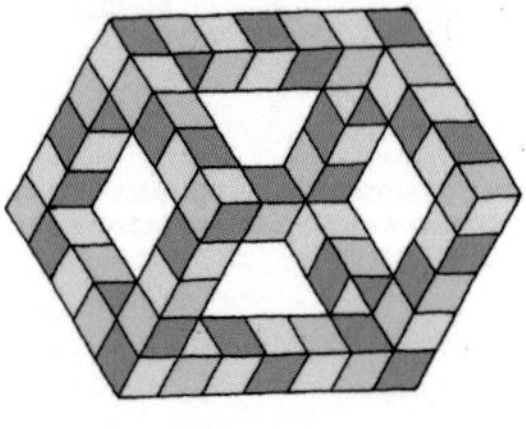

참고: キース・ケイ,『視覚の遊宇宙』, 東京書籍, 1989.

제2장

일류의 뇌 사용법 이해하기

2-1

장기 프로 기사의 뇌에서 일어나는 일

바둑 기사와 장기 기사는 '번뜩임의 천재'다. 일본 이화학연구소에서 fMRI(functional Magnetic Resonance Imaging, 기능적 자기 공명 영상)를 이용한 한 실험을 진행했다. fMRI를 이용하면 뇌를 전혀 손상시키지 않고 뇌의 어느 부분이 기능하고 있는지 알 수 있는데, 이 장비로 장기 프로 기사와 아마추어 기사가 장기 수를 생각할 때 뇌의 어느 부분이 기능하는지를 알아보았다.

실제 대국에 나올 법한 장기판을 보자마자 프로 기사의 두정엽 안쪽 뒷부분에 있는 설전부에서 움직임이 포착되었다. 이 부분은 시각적, 공간적으로 사물을 인지하고 개인적인 경험을 떠올리는 영역이다.

이번에는 프로 기사와 아마추어 기사에게 장기판을 1초만 보여준 후, 그 다음 수를 네 가지 선택지 중에서 2초 이내에 고르게 하는 실험을 했다. 그러자 프로 기사의 대뇌 기저핵에서만 변화가 나타났다. 대뇌 기저핵은 주로 직감을 관장하는 뇌의 영역인데, 특히 대뇌 기저핵의 꼬리핵 부분은 본능적이고 재빠른 직감을 관장한다고 알려져 있다. 프로 기사가 장기판 수를 고민할 때 설전부와 대뇌 기저핵을 연동한다는 사실이 밝혀진 것이다. 그리고 좋은 수를 잘 고르는 기사일수록 이 영역의 활동이 뚜렷하게 나타났다. 이에 대해서는 도표 2-1을 참고하자.

이 실험 결과를 통해 제한 시간을 정해 단시간 안에 무언가를 해내야 할 때, 뇌의 이 경로에 불이 들어오면 직감적으로 행동할 수 있다는 것이 밝혀졌다. 즉 번뜩이는 아이디어를 떠올리는 뇌를 만들기 위해서는 시간을 제한하여 가장 먼저 느껴지는 직감을 우선시하는 것이 중요하다.

도표 2-1 프로 기사의 뇌 움직임

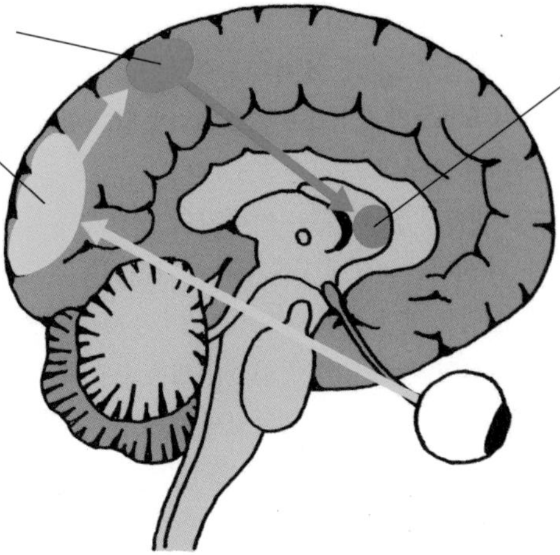

프로 기사의 뇌에서는 두정엽의 설전부(순간적으로 말의 진형을 파악)와 대뇌 기저핵의 꼬리핵(가장 좋은 수를 순간적으로 도출)이 특징적인 움직임을 보였다. 장기와 바둑을 비롯한 직감과 번뜩임은 이 경로를 통해 나타난다.

참고: 「Newton」 2月号, ニュートンプレス, 2014.

2-2

좋아서 하는 일이 곧 숙달하는 길이라는 사실

자녀를 일류로 만들고 싶다면 뇌 과학 관련 최신 정보를 참고해 보자. 뛰어난 뇌는 선천적 요소보다 오히려 후천적 요소에 달려 있다. 즉 세상에 태어난 후 뇌를 얼마나 발달시켰는지가 중요하다.

도표 2-2는 뇌 과학에 조예가 깊은 의사 가토 도시노리(加藤俊德)가 작성한 '뇌 번지'다. 뇌 번지란 기능에 따라 뇌의 영역을 나누고, 주소의 번지처럼 구분해 놓은 영역을 말한다. 뇌 번지에는 번호가 달려 있는데, 총 120개로 구분된다. 예를 들어 3번은 감각계, 4번과 6번은 운동계, 17~19번은 시각계, 41번과 42번은 청각계, 그리고 44번과 45번은 언어계 뇌 번지에 해당한다.

특히 아이들은 어른에 비해 생후의 가정환경에 따라 뇌 번지의 발달이 크게 달라진다고 한다. 예를 들어 언어계 뇌 번지가 발달한 아이들은 조리 있게 말하거나 부모님과 선생님의 말씀을 잘 이해한다. 어른들이 흔히 말하는 '똑똑한 아이'다.

반면 이야기는 조리 있게 못 하지만 그림을 잘 그리는 아이는 시각계 번지가 발달한 경우다. 이야기도 그림도 서투르지만 축구를 잘하는 아이는 운동계 뇌 번지가 발달한 것으로 볼 수 있다.

말하는 법을 갈고 닦으면 언어계 뇌 번지가 활성화되면서 능숙해진다. 그림 그리기에 시간을 쏟으면 아이의 시각계 뇌 번지도 자연스럽게 진화한다. 물론 축구 연습에 시간을 할애하는 아이는 운동계 뇌 번지가 진화를 거듭하게 된다.

도표 2-2 뇌 번지

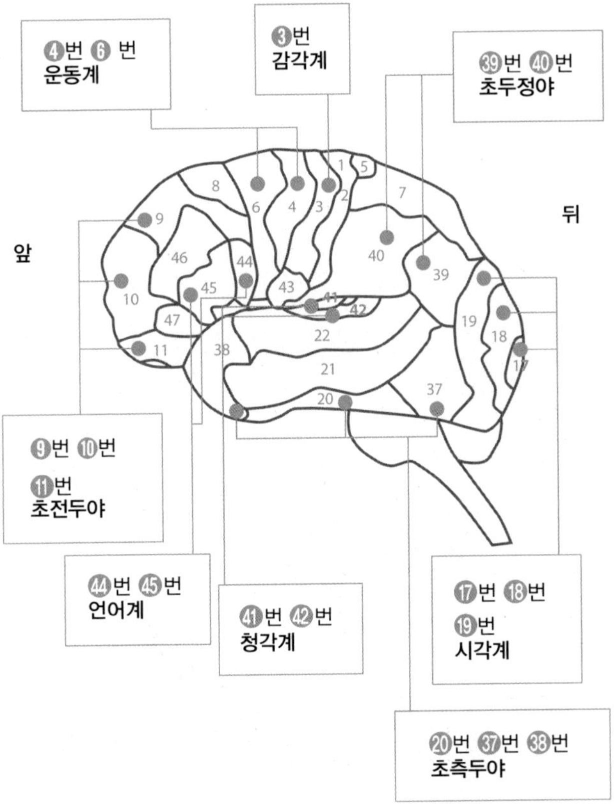

뇌의 다양한 기능을 위치로 분류한 뇌 번지.

참고: 『プレジデントファミリー』 12月号, ダイヤモンド社, 2008.

'머리가 좋은 아이'라는 표현은 일반적으로 공부를 잘하는 아이라는 의미로 쓰인다. 하지만 사실 그림을 잘 그리는 아이도 축구를 잘하는 아이도 모두 '머리가 좋은 아이'다.

서울대에 입학하는 고등학생의 머리는 당연히 좋다. 하지만 표현을 더 명확하게 한다면 서울대에 입학하는 학생은 기억을 관장하는 뇌의 영역이 잘 진화한 아이며, 체육 특기생으로 뽑힌 학생은 운동계를 관장하는 뇌 영역이 특히 발달한 아이라고 할 수 있다.

어느 뇌 번지가 발달했는지에 따라 특기가 달라진다.

'좋아서 하는 일이 곧 숙달하는 길이다'라는 일본 속담이 있다. 인간은 좋아하는 것에는 열정을 가지고 노력하기 때문에 숙달도 빠르다는 의미다. 따라서 좋아하는 일을 하는 것은 곧 재능을 꽃피우는 지름길이기도 하다. 결국 일류란 이상할 정도로 자신이 좋아하는 일에 인생을 바치는 사람인 것이다.

2-3

직선뇌와 우회뇌의 차이 이해하기

나는 뇌의 연계가 복잡해질수록 더욱 뛰어난 기술을 습득할 수 있다고 생각한다. 이는 공부뿐 아니라 운동이나 예술, 나아가 업무 스킬에도 해당되는 이야기다. 내용이 고도화할수록 뇌 번지도 총동원되기 때문에 기술을 발전시킬 수 있다.

영어 단어를 암기하는 단순 작업은 우회하는 일이 없이 최단 거리 경로를 이용한다. 이것을 '직선뇌'라고 하는데, 지름길이라고 생각하면 이해가 쉽다.

예를 들어 '동시에' 라는 뜻의 'simultaneously' 단어를 듣고 그 뜻을 우리말로 답하는 경우를 생각해 보자. 우선 귀로 들은 'simultaneously'라는 음은 42번지에 입력되어 암기한 내용을 찾기 위해 20번지로 향하고, 떠올린 내용을 실마리 삼아 44번과 45번지에서 답을 도출하여 4번과 6번지에서 '동시에'라는 올바른 답을 입 밖으로 꺼낸다. 그런데 이 회로를 통해 기억한 사실은 매우 불안정하다.

반면 오감을 총동원해 'simultaneously'를 떠올리면 기억은 더욱 심화되고 안정화된다. 시각계 뇌 번지를 이용해 가게에서 한 상품을 동시에 다른 손님이 잡고 있는 장면이나 감각계 뇌 번지를 이용해 자동 개찰구를 동시에 통과했을 때 나는 '삑' 소리 등을 연상하는 것이다. 이것이 바로 '우회뇌'다. 물론 복잡한 경로를 우회하기 때문에 과정이 어렵고 최단 거리로 기억한 경로에 비해 시간도 더디지만, 쉽게 잊히지 않는다.

도표 2-3 문제를 들었을 때 직선뇌와 우회뇌의 차이

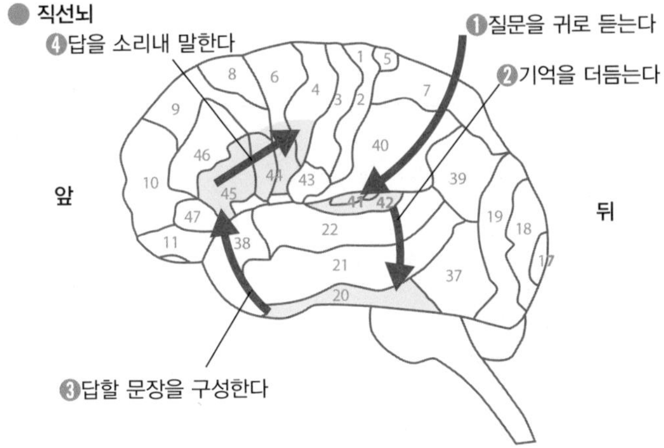

직선뇌
④답을 소리내 말한다
①질문을 귀로 듣는다
②기억을 더듬는다
앞
뒤
③답할 문장을 구성한다

빠르게 답을 도출할 순 있지만, 유연한 대응은 어렵다.

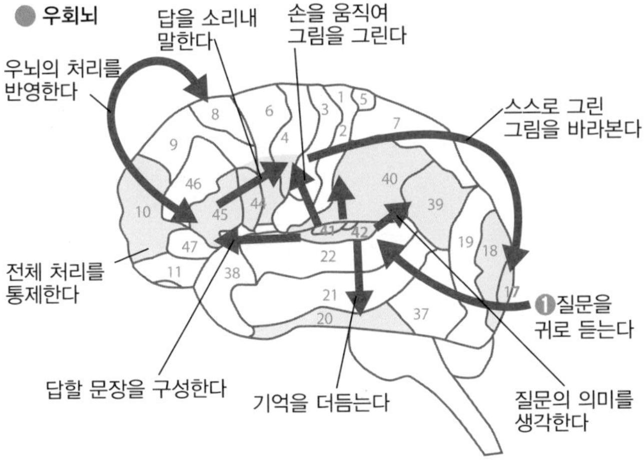

우회뇌
답을 소리내 말한다
손을 움직여 그림을 그린다
우뇌의 처리를 반영한다
스스로 그린 그림을 바라본다
전체 처리를 통제한다
①질문을 귀로 듣는다
답할 문장을 구성한다
기억을 더듬는다
질문의 의미를 생각한다

뇌의 여러 부분을 경유하므로 시간이 걸리지만, 돌발 사태에도 대응하기 쉽다.

참고:『プレジデントファミリー』12月号, ダイヤモンド社, 2008.

직선뇌는 유연성이 떨어져 응용이 어렵다. 다양한 사고를 하면서 독특한 아이디어를 내는 직장인이나 페인팅 기술로 예술적인 골을 넣는 축구 선수의 뇌는 분명 우회뇌를 이용해 결론을 도출할 것이다.

오감을 총동원하면 잊기 어려운 기억으로 변환된다.

수재는 직선뇌를 사용해 가장 효율적으로 표층적 사실을 얇고 넓게 기억해 성공적으로 시험을 치른다. 천재는 우회뇌를 이용해 한 분야를 깊고 좁게 연구하기 때문에 해당 분야에서만큼은 타의 추종을 불허하는 고도의 기술을 습득한다.

2-4

일류는 소뇌가 발달한 사람

일류가 되기 위해서는 소뇌가 큰 역할을 한다는 점을 알아두어야 한다. 소뇌는 대뇌의 뒷부분 아래에 있는 장기로, 운동 학습과 깊은 관련이 있다.

예를 들면 처음으로 스키를 탈 때, 스키 안내서를 달달 외워도 잘 타리라는 보장은 없다. 일본에는 '다다미 위에서 수영'이라는 쓸데없는 행위를 가리키는 속담도 있는데, 스키를 잘 타려면 스키장에 직접 가서 몇 번이고 구르면서 '몸으로 익히는' 수밖에 없다.

그렇다면 '몸으로 익힌다'는 것은 구체적으로 어떤 것을 뜻할까? 스키의 경우는 예일 뿐, 실제로 손과 발이 무언가를 기억하는 기능을 담당하진 않는다.

결론부터 말하자면, 일반적으로 '몸으로 익힌다'는 말은 연습과 시행착오를 반복해 습득한 양질의 정보가 소뇌에 정확히 저장되었다는 것을 뜻한다.

● '신의 솜씨'는 소뇌에서 순간적으로 나온다

뇌에서 해마는 단기 기억을 관장하는데, 이 해마와 상반되는 역할을 하는 게 소뇌다. 해마는 입력된 사건을 모두 기억해 나가는 반면, 소뇌는 소거법(수학에서 미지수의 개수를 점차 줄여나가는 방법)으로 고도의 기술을 저장한다.

예를 들어 체조 선수가 연기를 할 때 불필요한 움직임을 하게 되면, 소뇌의 시냅스가 그 불필요한 움직임을 제거한다. 그 결과 군더더기 없는 세련된 연기만 소뇌에 저장된다. 그것을 전문 용어로 '내부 모델'이라고 하는데, 도표 2-4는 이 내용을 그림으로 정리한 것이다.

'몸으로 익힌다'란?

처음에는 숙달이 쉽지 않지만, 연습을 거듭하다 보면 '성공했다'고 느끼는 때가 온다. 이러한 경험을 반복하면서 점점 실력이 향상되어 결국 능숙해지는데, 무의식적으로 몸이 움직이는 수준이 되면 소뇌에 완벽히 저장되었다고 보아도 좋다. 이것이 바로 '몸으로 익힌다'는 의미다.

대뇌에서 보내진 신호는 평행 섬유에서 시냅스를 통해 소뇌의 푸르키네 세포(Purkingje cell)로 전해진다. 처음에는 수많은 시냅스가 효율적으로 신호를 보낸다. 하지만 예를 들어 스키를 타다가 넘어지게 되면, 이 정보는 에러 신호가 되어 전달 효과가 현저히 떨어진다. 이 에러 신호는 회로에서 삭제되어 성공한 신호만이 남아 소뇌의 푸르키네 세포로 전해진다.

체조 선수 여서정이나 리듬체조 선수 손연재가 올림픽에서 보여주는 화려하고 뛰어난 기술도 마찬가지다. 에러 신호로 삭제되지 않고 소뇌에 성공 신호로 남아 저장된 정보, 즉 내부 모델이 다양한 판단을 하는 전두전야로 전달되어 숙련된 기술이 가능했던 것이다. 도표 2-5는 이를 표현한 모식도다.

● 소뇌는 '뛰어난 직감'의 원천일 가능성

소뇌는 직감과도 깊은 관련이 있다. 우리가 경험한 일들은 일시적으로 해마에 저장된 후, 뇌의 전두전야 외의 다양한 장소로 분산되어 장기 기억으로 남는다.

그런데 장기 대국처럼 깊은 사고를 반복하다 보면, 그 사고는 무의식적으로 판단과 분석으로 사용되는 기억으로 소뇌에 남는다. 그리고 이것이 바로 직감의 정체라는 의견이 대부분이다.

즉 우리는 보통 대뇌 피질에 저장된 기억만 사용하는데, 일류는 소뇌에 저장된 기억까지 순간적으로 전두전야로 보내고 있는 것이다.

도표 2-4 내부 모델의 저장

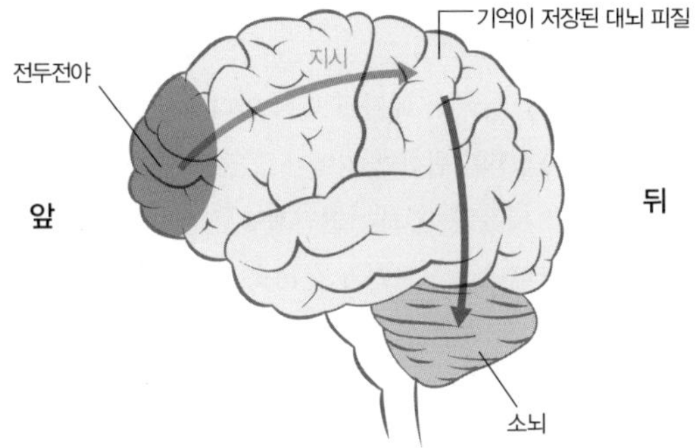

전두전야의 지시로 대뇌 피질의 기억이 내부 모델로 저장된다.

도표 2-5 내부 모델의 발휘

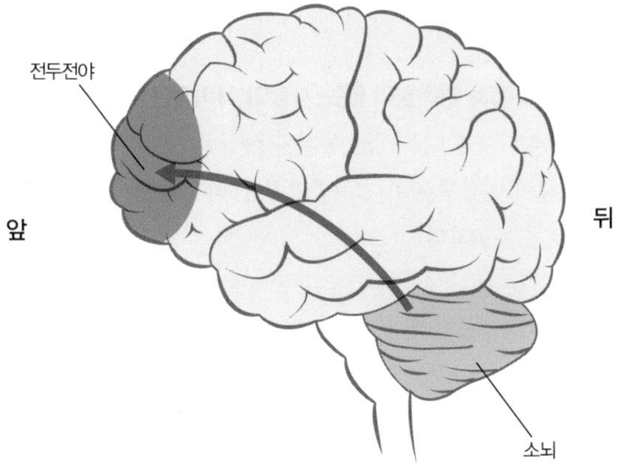

'더는 나아가지 못 하겠다'고 느낄 때도 있을 것이다. 하지만 당신의 S자 커브가 일류인 사람들보다 조금 완만할 뿐 성장을 실감하는 시기는 분명 온다.

참고: 『Newton 別冊-脳力のしくみ』, ニュートンプレス, 2014.

2-5

번뜩임의 메커니즘 이해하기

번뜩임의 메커니즘은 아직 베일에 싸여 있다. 하지만 번뜩임이 일어났을 때, 우리 뇌에 엄청난 화학 변화가 일어나고 있는 것만큼은 분명하다.

어떤 아이디어를 떠올릴 때, 대뇌변연계에 존재하는 감정의 시스템이 활성화되어 도파민과 베타 엔도르핀과 같은 쾌감을 촉진하는 신경 화학 물질이 다량 분비된다. 이와 같은 물질은 아이디어를 떠올릴 때 뿐 아니라 운동 경기에서 우승했을 때, 경마에서 1등을 맞췄을 때, 파친코에서 크게 수익을 냈을 때와 같은 상황에서도 다량 분비된다.

스포츠 챔피언이 대회에서 우승한 순간 강한 쾌감을 느끼는 것처럼 노벨상을 받은 학자도 새로운 아이디어를 떠올린 순간 강렬한 쾌감을 느낀다. 이러한 쾌감은 보수 계통의 뇌 영역을 활성화시켜 스스로 점점 더 혹독한 훈련과 아이디어를 쥐어짜내도록 만든다.

● 번뜩이는 사람과 번뜩임이 없는 사람의 차이점은?

번뜩이는 아이디어를 떠올렸을 때 뇌가 활성화하는 영역은 그 사람이 살아온 인생과 흥미 대상에 따라 천차만별이다. 하지만 번뜩이는 아이디어를 캐치하는 회로는 동일하다.

뇌에는 ACC(Anterior Cingulate Cortex, 전대상 피질)라는 부위가 있다. 이곳은 몸에 이상이 발생했을 때 경고를 울리는 부위기 때문에 '알람 센터'라고도 불리는데, 무언가를 떠올렸을 때도 활성화된다.

ACC가 활성화되면, 전두엽 바깥에 있는 LPFC(Lateral PreFrontal Cortex, 외측 전두전야)에 '이런 재밌는 발상이 떠올랐어!'라고 전달한다. LPFC는 '뇌의 사령탑'이라고 할 수 있는 부위다. LPFC는 번뜩임에 주목할 수 있도록 뇌의 여러 부위에 지시를 내린다.

번뜩임은 쾌감을 동반한다

인간은 도파민과 베타 엔도르핀과 같은 쾌감을 촉진하는 신경 화학 물질에 지배당하고 있다고 해도 과언이 아니다.

'번뜩임이 없는 사람'은 '번뜩임에 무감각한 사람'이라고 할 수 있다. 이런 사람들은 대단한 발상이 떠오르더라도 LPFC의 감도가 낮아 뇌가 활성화하지 않는다. 결국 애써 떠오른 아이디어는 수면 밑으로 가라앉고, ACC 또한 '기껏 알려 줬는데 맥 빠지네'라는 생각과 함께 의욕을 상실하며, 악순환에 빠지게 된다.

● 번뜩이는 아이디어에 민감해지는 것이 중요

LPFC를 활성화하기 위해서는 평소에도 번뜩임에 민감해져 번뜩임을 자각하고 출력하는 습관을 들여야 한다. '아, 떠올랐어!'라고 느끼는 경험을 여러 번 하면 그것이 실제로 '쓸모없는 번뜩임'일지라도 번뜩이는 아이디어를 캐치하는 회로를 강화할 수 있다.

이 작업은 자갈길을 포장하는 작업과 유사하다. 같은 작업을 반복하면 자갈길이 보기 좋게 포장되고, ACC의 움직임도 LPFC의 감도도 높아져 번뜩이는 발상을 하기 쉬워진다.

번뜩임은 먼저 단기 기억의 저장고인 해마에 저장되는데, 장기 기억으로 남기기 위해서는 편도핵과의 협동 작업이 필요하다. 편도핵은 좋고 싫음을 판단하는 부위로, 편도핵을 활성화시킨 사건은 감정 기복을 일으킨다. 이것이 해마를 자극해 강렬한 인상으로 남으면, 대뇌 피질에 오랫동안 기억된다. 편도핵은 해마의 활동에도 크나큰 영향을 끼치고 있는 것이다.

도표 2-6 뇌의 정중 단면과 좌대뇌 반구

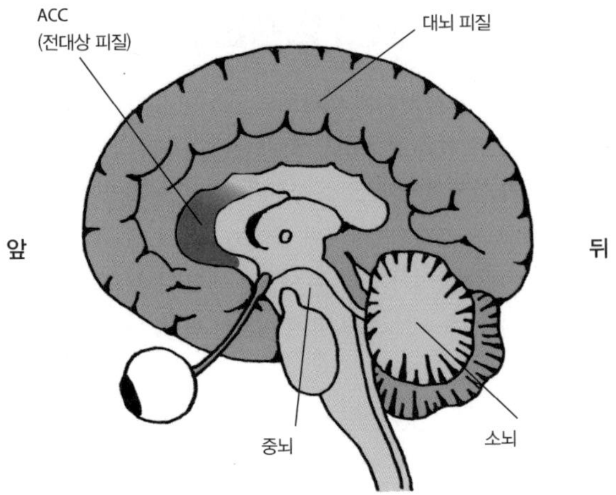

● 좌대뇌 반구

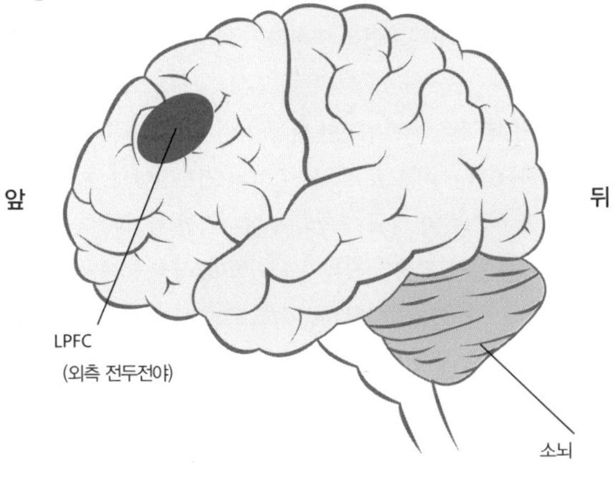

ACC를 활성화하기 위해서는 LPFC의 활성화가 필요하다. 이를 위해서는 평소부터 번뜩임에 민감해지는 것이 중요하다.

2-6

창의성을 발휘하면 활성화하는 뇌의 영역은?

일본 쓰쿠바대학(筑波大学)의 야마모토 미유키(山本三幸) 박사는 번뜩이는 재능과 관련된 실험을 진행했다. 피실험자는 디자인을 전문적으로 공부하는 쓰쿠바대학 학생 20명과 그 외 쓰쿠바대학 학생 20명이었다.

실험 방법은 모든 피실험자들에게 열다섯 자루의 펜 그림을 보게 하고, 그들을 fMRI 장치에 들어가게 한 후, 새로운 펜의 디자인을 가능한 많이 고안하게 하는 것이었다. 이 실험을 통해 디자인 할 때, 뇌의 어느 부분이 활발히 움직이는지 알 수 있었다.

일반 학생들의 경우, 디자인을 할 때 대뇌 피질의 전두전야가 활발히 움직였다. 반면 디자인을 전문적으로 공부하고 있는 학생들은 우뇌의 전두전야에서는 움직임이 나타났지만, 좌뇌의 전두전야는 거의 움직이지 않았다. 이때 고안된 디자인이 얼마나 독창적인지 네 명의 프로 디자이너에게 평가를 의뢰했는데, 당연히 디자인을 공부하는 학생들이 두 배 가까이 높은 점수를 받았다.

이 실험을 통해 좌우의 전두전야 활동 차이가 뚜렷할수록 창의성이 높다는 사실이 밝혀졌다. 야마모토 박사는 "좌뇌 전두전야의 움직임이 우뇌 전두전야의 어떤 시스템에 의해 억제되어 예술적인 발상이 높아졌을지도 모른다"고 했다. 즉 일반 학생은 좌뇌가 움직이며, 상식에 해당하는 부분이 자극되어 번뜩이는 발상이 억제되었을지도 모른다는 것이다. 번뜩이는 발상을 하기 위해서는 문자와 숫자를 다루는 좌뇌 중심 사고에서 벗어나 이미지를 다루는 우뇌 중심 사고를 하는 것이 중요하다.

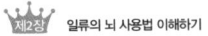

도표 2-7 디자인 발상 능력을 확인한 실험

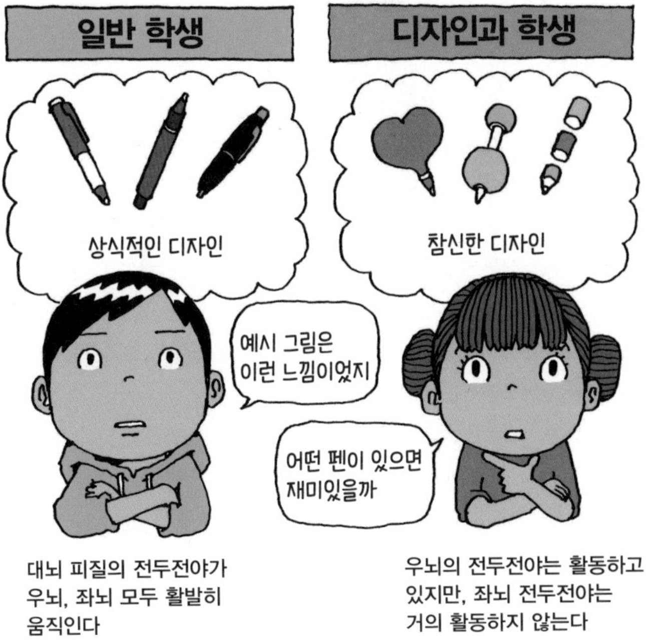

창의성이 높은 학생의 뇌는 독창적인 작업을 할 때 우뇌의 전두전야가 좌뇌의 전두전야를 억제하는 것으로 보인다.

참고: 『Newton 別冊-脳力のしくみ』, ニュートンプレス, 2014.

2-7

테스토스테론으로 공간 지각 능력과 의욕 높이기

테스토스테론(testosterone)이라는 신경 화학 물질이 있다. 테스토스테론의 다른 이름은 공격 호르몬, 승자의 호르몬이다. 석기시대에는 남성을 사냥터로 보내 사냥감을 포획하는 데 테스토스테론이 원동력이 되기도 했다. 물론 사자나 호랑이같이 사나운 육식 동물에게도 많이 분비되는 호르몬이다.

인간에게 이 물질의 분비가 가장 많은 시기는 12~17세의 청소년기다. 사실 테스토스테론은 소년 범죄에도 지대한 영향을 미치는데, 비행 청소년이 20세 전후를 기점으로 반항을 멈추는 경우가 많은 것도 사실 이 화학 물질과 관련이 있다. 20세가 지남과 동시에 테스토스테론 분비량이 급속하게 줄어들기 때문이다.

이 테스토스테론은 사실 공간 지각 능력과도 깊은 관련이 있다. 공간 지각 능력은 테스토스테론의 분비량이 많을수록 높아진다. 공간 지각 능력은 3차원 공간의 위치 관계 등을 재빨리 그리고 정확하게 파악하는 것으로 프로 운동선수를 꿈꾸는 아이들은 물론, 비즈니스를 잘하기 위해서도 필요한 능력이다.

예를 들어 아래는 높은 공간 지각 능력이 요구되는 직업군들이다. 공간 지각 능력이 떨어지면 치명적인 사고나 문제가 발생할 수 있기 때문이다.

- 비행기 조종사
- 자동차 경주 선수
- 내시경을 이용해 수술하는 외과 의사

도표 2-8 테스토스테론을 늘리기 위해서는?

테스토스테론을 늘리는 행동	근육 운동  격렬한 운동 적정 체중의 유지 비만의 경우는 감량 질 높은 수면
테스토스테론을 늘리는 영양소	아연 아미노산 L아르기닌 비타민C 비타민D 비타민E 셀레늄 콜레스테롤 인돌 3 카비놀 양파 알리인
테스토스테론을 늘리는 의료	테스토스테론 보충 요법 심리 요법 인지 행동 요법
피해야 할 것	스트레스 설탕과 탄수화물의 과잉 섭취 자몽의 과잉 섭취 고도 불포화 지방산 과잉 섭취(식용유 등) 알코올 과잉 섭취 

테스토스테론 분비를 높이기 위한 방법으로는 운동으로 근육을 늘리는 것이 있다. 참고로 테스토스테론의 구조를 인공적으로 변형한 것이 도핑으로 악명 높은 아나볼릭 스테로이드이다.

테스토스테론의 분비량은 유전적으로 남성보다 여성이 적다. 사실 위 직업군들을 보면, 대부분 남성이 압도적으로 많다. 지도를 보거나 자동차를 운전할 때 테스토스테론의 분비량이 많아진다는 것도 실험을 통해 밝혀진 바 있다.

● 업무에도 도움을 주는 테스토스테론

테스토스테론은 의욕이나 활력과도 관련이 있는 것으로 알려져 있다. 미국 조지아주립대학교의 제임스 댑스(James Dabbs) 박사는 다양한 직종에 종사하는 남성의 타액을 채취해 테스토스테론의 양을 분석했다. 그 결과 상당히 흥미로운 사실이 밝혀졌다.

유능한 세일즈맨은 테스테스테론의 양이 다른 세일즈맨보다 확연히 많았다. 즉 특정 직종에 종사하는 사람들은 테스토스테론의 양에 따라 성과가 달라질 수 있다는 것이다. 뿐만 아니라 동일 인물의 경우에도 성과를 냈을 때는 테스토스테론의 분비량이 많았고, 그렇지 못했을 때는 분비량이 적은 결과를 보였다.

테스토스테론의 양은 근육 운동을 습관화하거나 수면의 질을 높이는 것으로 올릴 수 있다. 또 아연이나 비타민D 등의 영양제를 섭취하면 테스토스테론의 양을 늘릴 수 있다. 상세한 내용은 앞 페이지의 도표 2-8을 참고해 보자. 이 도표에는 테스토스테론이 양을 늘릴 때 주의해야 할 점도 있다.

다음 페이지에는 공간 지각 능력을 높이는 훈련 방법이 있다. 일상생활을 하면서 이 훈련을 적극적으로 해 공간 지각 능력을 키워보자.

공간 지각 능력을 높이는 훈련 방법

① 구기 종목 즐기기

② 지도 없이 모르는 길 걷기

③ 캐치볼 하기

④ 죽방울 가지고 놀기

⑤ 리프팅 하기

⑥ 저글링 하기

⑦ 주차의 달인 되기

⑧ 다트 즐기기

운동선수는 물론 외과 의사나 조종사 같은 직업을 가진 사람에게 공간 지각 능력은 아주 중요하다. 자동차 운전과 같이 일상생활에서도 꼭 필요한 능력이다.

2-8

인간에게는 놀라운 화상 처리 능력이 존재한다

해부학적으로 뇌는 문자와 숫자를 처리하는 데 적합하지 않은 장기다. 문자나 숫자를 처리하는 능력은 뇌가 비교적 최근에 습득한 능력이다. 처리 속도나 정확성을 따지면 컴퓨터나 스마트폰이 훨씬 뛰어나다. 하지만 아날로그적인 뇌에는 미개척 영역이 존재한다. 바로 '화상 처리 능력'이다.

예를 들어 한 장짜리 그림은 정보량으로 따지면 수만 개의 문자에 해당한다. 1만 개의 문자와 숫자를 처리하려면 아무리 빨리 읽어도 10분은 걸릴 것이다. 하지만 뇌는 같은 정보량의 이미지를 몇 초 만에 파악할 수 있다.

뇌의 화상 처리와 관련된 흥미로운 심리학 실험이 있었다. 2,560장의 사진을 피실험자 앞에 설치된 스크린에 띄우고, 한 장을 10초 동안 보여준다. 수일에 걸쳐 이 사진을 모두 피실험자에게 보여 주었는데, 상영 시간은 무려 7시간에 달했다.

상영이 끝난 후, 피실험자는 다음과 같은 테스트를 치렀다. 지금까지 본 2,560장의 사진과 같은 개수의 유사한 사진을 동시에 보여주고, 어느 사진이 '이미 본 사진'인지 맞추는 테스트였다. 결과는 놀라웠다. 정답률이 무려 85~95%에 달했기 때문이다.

다음으로 사진을 보여주는 시간을 10초에서 1초로 줄인 후, 다른 피실험자를 대상으로 실험을 진행했다. 그런데 이때의 정답률 또한 85~95%로 처음 진행했던 실험과 같은 결과가 나왔다. 이처럼 인간의 뇌에는 경이로운 화상 처리 능력이 존재한다.

인간의 화상 처리 능력은 기계를 능가한다

피실험자 앞의 2,560장의 사진!
보여주는 시간은 한 장당 1초입니다
상영 후, 이들은 한 테스트에 참가합니다
전에 본 사진
비슷한 사진
어느 쪽이 방금 전에 본 사진인지 대답하는 것이지요
피실험자의 평균 정답률은 무려 85~95%
놀라운 수치입니다!
딱 한 장만 봤는데도...
뇌의 화상 처리 능력은 대단하군요!

인간의 고속 화상 처리 능력을 활용하지 않을 수 없다. 9-1의 플래시 카드 훈련 등을 통해 1초 단위로 이미지를 처리하는 습관을 들이면 당신의 정보 처리 능력 또한 높일 수 있다.

COLUMN 2

왼손잡이 일류 테니스 선수가 많은 이유

아래는 ATP(남자 프로 테니스 투어)와 WTA(세계 여자 테니스 협회)의 정상급 선수를 왼손잡이와 오른손잡이로 분류한 데이터다. 도표 C-1이 남성, 도표 C-2가 여성이다. 이 도표를 통해 정상급 선수의 20% 이상이 왼손잡이라는 것을 알 수 있다. 특히 '주간 1위' 항목에서는 왼손잡이 남성 선수가 30% 이상이고, 여성 선수는 40%에 육박한다. 일반 테니스 선수의 왼손잡이 비율은 8.8% 정도로, 프로 테니스 세계에서 왼손잡이 선수의 비율이 확연히 높은 것을 알 수 있다.

그렇다면 왜 프로 테니스 세계에서 왼손잡이가 유리한 것일까? 왼손잡이 선수는 오른손잡이 선수와의 대전이 당연히 많겠지만, 반대로 오른손잡이 선수는 왼손잡이 선수와 대전하는 빈도가 적기 때문에 '익숙함'이라는 측면에서 왼손잡이 선수가 더 유리한 것으로 보인다.

• 도표 C-1 ATP(남자 프로 테니스 투어) 랭킹 타입별 비율 •

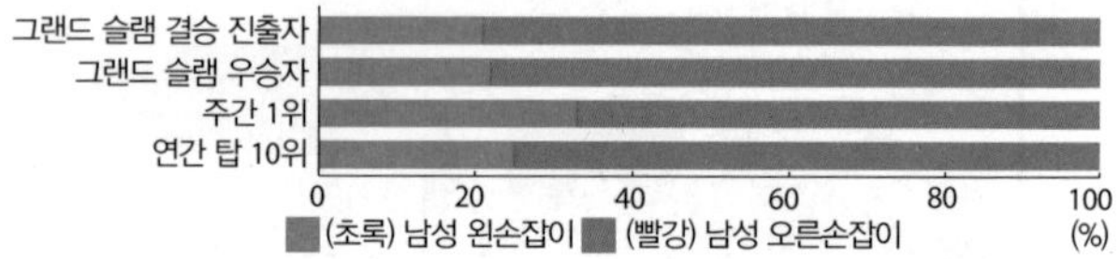

• 도표 C-1 WTA(세계 여자 테니스 협회) 랭킹 타입별 비율 •

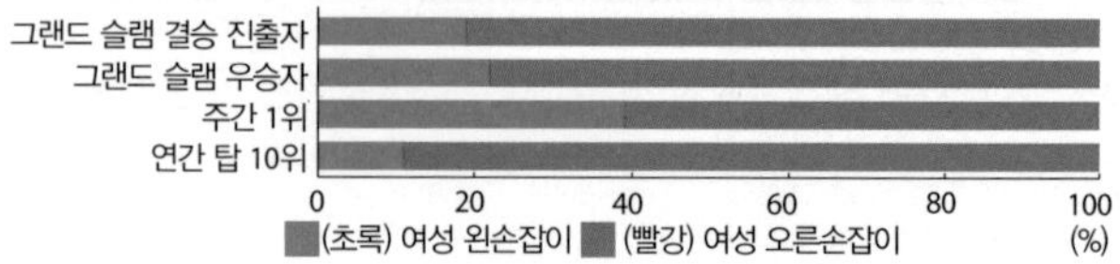

참고: Holtzen, 2000.

제3장

비활성화 뇌 깨우기

3-1

비활성화 뇌 깨우기

뇌 전체를 활성화시키는 습관을 들이기 위해선 어떤 일상을 보내면 좋을까? 가장 빠른 방법은 왼쪽과 오른쪽 몸을 두루두루 사용하는 것이다. 그런데 대부분 오른손잡이가 많기 때문에 오른쪽 몸을 사용하는 빈도가 훨씬 높다. 아쉽게도 뇌 전체를 활성시키기 어려운 신체 구조를 가지고 있는 것이다.

그러니 오른손잡이인 사람들은 의식적으로 왼손을 써보자. 가끔 젓가락이나 칫솔을 왼손으로 잡아 보거나 왼손으로 필기나 그림을 그리는 연습을 하는 것이다. 이러한 연습만으로도 여러분의 뇌 전체가 활성화된다.

같은 실력을 가진 킥복싱 선수가 대결한다고 가정해 보자. 오른손 공격에만 능숙한 선수와 왼손과 오른손을 자유자재로 바꿔가며 공격할 수 있는 선수 중 누가 더 유리할까? 당연히 자유자재로 공격이 가능한 선수가 훨씬 유리하다.

여담이지만 나는 왼손잡이다. 유치원생 시절, 어머니께서 젓가락과 연필은 오른손으로 쓰도록 가르치셨기 때문에 어느 정도 교정이 되어 양손을 쓰면서 일상생활을 한다.

학창 시절에는 오른손으로 필기하고, 왼손으로 지우개로 지우며 선생님 판서를 받아 적었다. 나에게는 극히 일상적인 일이었지만, 오른손잡이 친구들은 무척 신기해했다. 친구들은 지우개를 쓰려면 연필을 책상에 놓고, 지우개를 오른손으로 잡아 지운 후 다시 연필을 잡아야 했기 때문이다. 친구들의 모습이 오히려 나에게는 답답하게 느껴졌다.

자신에게 익숙지 않은 손 의식적으로 사용하기

익숙하지 않은 쪽의 손과 발을 의식적으로 사용하면 뇌 전체를 활성화하는 데 도움이 된다. 양 손발을 자유롭게 사용할 수 있게 되는 것이 가장 이상적인 모습이다.

3-2

자신의 손잡이 바로 알기

이쯤에서 나는 어느 쪽 손잡이인지 확인해 보자. 우리가 평소에 쓰는 '오른손잡이'라는 표현은 주로 사용하는 손이 오른손이라는 의미다. 도표 3-1의 에든버러 손잡이 검사는 자신이 어느 쪽 손잡이인지 식별하는 가장 유명한 방법이다. 전 세계에서 가장 많이 사용되는 이 검사는 에든버러대학교의 심리학과 교수 R.C. 올드필드(R.C. Oldfield)가 고안한 방법이다.

각 항목을 읽고 '절대로 다른 쪽 손을 쓰는 일이 없다'면 '++'를 '거의 다른 쪽 손을 쓰는 경우가 없다'면 '+'를 써넣는다. 항목에 모두 답한 후 아래 식에 따라 계산한다.

$$\frac{(\text{오른손의 개수})-(\text{왼손의 개수})}{(\text{오른손의 개수})+(\text{왼손의 개수})}\times 100$$

그 계산 결과가 마이너스(-)라면 왼손잡이, 플러스(+)라면 오른손잡이다. 물론 여러분이 오른손잡이라고 해서 왼손이 놀고 있는 것은 아니다. 오른손잡이인 사람이 맥주병을 딸 때 오른손에 병따개를 들고 병을 따는데, 이때 왼손은 병을 안정적으로 잡는 역할을 한다.

만약 내가 오른손잡이라면 이번엔 오른손으로 병을 잡고 왼손으로 병을 따보자. 그 어색한 감각을 즐겨보자. 물론 양치질이나 젓가락질도 왼손으로 하면 더 좋다. 어색한 방향의 손을 적극적으로 사용하는 일은 여러분의 뇌를 활성화해 잠재 능력을 꽃피우는 데 큰 도움을 줄 것이다.

도표 3-1 에든버러 손잡이 검사

아래 동작을 할 때, 어느 손을 쓰는지 체크해 보자.

좋아하면서 잘하는 일	왼손	오른손	양손 다 사용
❶ 글쓰기			
❷ 그림, 도형 그리기			
❸ 공 던지기			
❹ 가위질하기			
❺ 양치질하기			
❻ 칼이나 식칼 사용하기			
❼ 숟가락 쓰기			
❽ 양손으로 빗자루를 들 때 위에 위치하는 손			
❾ 성냥에 불을 붙일 때 성냥을 들고 있는 손			
❿ 상자나 뚜껑 열기			

이 테스트로 자신이 오른손잡이인지 왼손잡이인지 간단하게 확인할 수 있다.

참고: R. C. Oldfield, 「The assessment and analysis of handedness: The edinburgh inventory」, 「Neuropsychologia」 Vol 9, pp. 97-113, 1971.

3-3

자신의 주 사용 방향 파악하기

우리 몸에는 주로 사용하는 방향이 있다. 어느 쪽 손을 사용하는가도 같은 맥락으로 볼 수 있다. 하지만 대부분의 사람들은 손을 제외한 '주 사용 방향'에 대해서는 관심이 없다. 손 뿐 아니라 눈, 귀, 발은 어느 쪽을 주로 사용하는지 알아둔다면 뇌 전체를 활성화하는 지름길이 될 것이다.

먼저 주로 사용하는 눈에 대해 알아보자. 자신의 주 사용 눈을 확인하는 방법은 아주 간단하다. 우선 방안의 작은 물체를 주시한다. 예를 들어 문고리를 쳐다본다면 양쪽 눈을 뜬 채로 오른쪽 검지를 세워 문고리와 일직선으로 겹쳐지도록 한다. 그 상태에서 양쪽 눈을 번갈아 가며 감아본다. 문고리와 손가락이 완벽히 겹쳐졌을 때 뜨고 있는 눈이 바로 주로 사용하는 눈이다.

주로 사용하는 귀를 확인하는 것도 무척 쉽다. 귀는 이어폰을 이용해 판별할 수 있다. 한쪽 이어폰만 끼고 음악을 들었을 때, 조금 더 명확하게 들리는 쪽이 주로 사용하는 귀다.

마지막으로 발에 대해 알아보자. 축구 선수라면 모르겠지만, 사람들은 대부분 자신이 어느 쪽 발을 더 잘 사용하는지에 큰 관심이 없다. 공을 차기 쉬운 편, 바지를 입을 때 먼저 넣는 발, 계단을 오를 때 계단에 먼저 올리는 발이 주로 사용하는 발이다. 도표 3-2는 일상생활 속에서 어느 쪽 발을 얼마나 많이 사용하는지 나타낸 도표다. 이 표를 통해 공을 찰 때는 오른발을 사용하는 빈도가 높고, 자전거에 페달에 먼저 올라가는 발은 반대로 왼발이 빈도가 높다는 사실을 알 수 있다.

도표 3-3의 '발잡이 체크 용지'를 통해 나는 어느 쪽 발을 주로 쓰는지 체크해 보자. 자신의 '주 사용 방향'을 파악해 잘 안 쓰는 쪽을 단련하는 연습을 하면 뇌도 활성화시킬 수 있다.

도표 3-2 일상생활 속 발 사용 비율

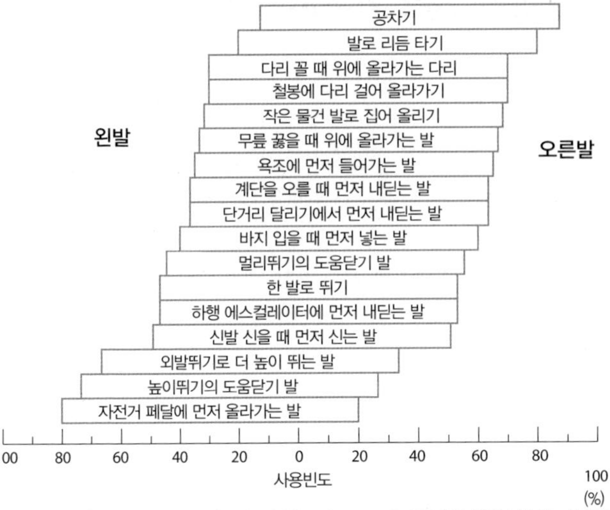

가장 위의 '공차기'의 경우 90%의 사람들이 오른발로 차고, 10%의 사람만이 왼발로 찬다는 사실을 알 수 있다.

출처: 前原勝矢, 『右利き・左利きの科学』, 講談社, 1989.

도표 3-3 발잡이 체크 용지

설문	답변	
바지를 입을 때 먼저 넣는 발은 어느 쪽인가?	왼발	오른발
계단을 오를 때 먼저 올라가는 발은 어느 쪽인가?	왼발	오른발
공은 어느 쪽 발로 차는가?	왼발	오른발
다리를 꼴 때 위로 올라가는 다리는 어느 쪽인가?	왼발	오른발
엄지발가락과 둘째발가락으로 연필을 집을 때 어느 쪽 발이 더 집기 수월한가?	왼발	오른발
한 발로 뛸 때 어느 쪽 다리로 뛰는가?	왼발	오른발
신발을 신을 때 먼저 신는 발은 어느 쪽인가?	왼발	오른발

왼발에 ○를 친 개수
0~2 ➡ 오른발잡이
3~4 ➡ 판별 불가
5~7 ➡ 왼발잡이

3-4

당신의 뇌는 거점형인가 산재형인가?

뇌 전체를 활성화시키기 위해서는 양쪽의 대뇌 신피질이 빈번히 교류해야 한다. 뇌량은 좌우 양쪽 대뇌를 잇는 기관으로, 다리 역할을 한다고 생각하면 쉽다. 일반적으로 뇌량의 신경 섬유 다발이 굵을수록 좌우의 정보 교신 기능이 뛰어난 것으로 알려져 있다.

어떤 학자들은 '뇌량이 발달한 사람일수록 창의성이 뛰어나다'고 주장한다. 저명한 심리학자 하워드 가드너(Howard Gardner) 박사는 '좌우 차이가 적은 뇌를 가진 사람은 생각을 떠올리거나 계획을 세우는 능력이 뛰어나다'고 주장한다. 뉴질랜드 오클랜드대학의 마이클 코벌리스(Michael Corballis) 박사는 '뇌의 좌우 차이가 적은 사람은 미신에 빠지기 쉽지만, 창의성이 있어서 공간을 파악하는 능력 또한 뛰어나다'고 평가한다.

뇌 분류법 중에는 '거점형'과 '산재형'이라는 구분법이 있다. 흔히 철도 노선으로 비유되기도 하는데, 거점형 뇌는 고속 철도형, 산재형은 일반 노선형으로 생각할 수 있다. 보통 오른손잡이는 거점형, 왼손잡이는 산재형이 많다고 하는데, 오른손잡이의 경우 거점은 적지만 그 거점에 기능이 집중되어 있다. 왼손잡이의 경우 거점이 분산되어 있다.

이에 따라 오른손잡이는 익숙한 일을 재빨리 처리하고, 왼손잡이는 난이도가 높은 다양한 일을 잘 처리한다. 하지만 이 역시 오른손잡이와 왼손잡이의 일반적인 경향일 뿐, 개인차가 존재한다. 또 뇌에 손상이 가해질 때, 거점형인 오른손잡이가 받는 영향보다 산재형인 왼손잡이가 받는 영향이 더 적은 것으로 알려져 있다.

도표 3-4 오른손잡이와 왼손잡이의 뇌 움직임 차이

거점형–오른손잡이

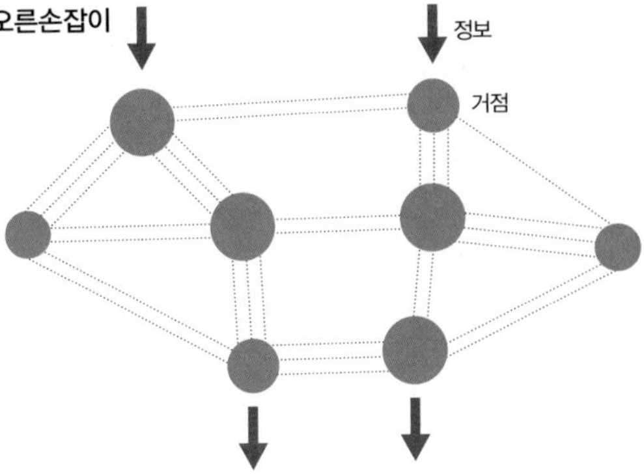

산재형–왼손잡이

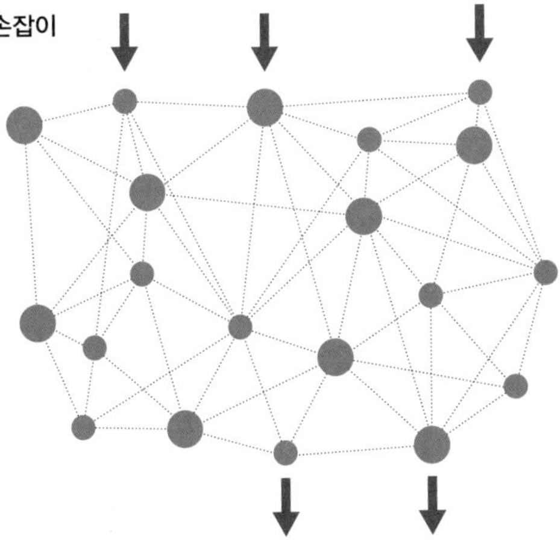

거점형 오른손잡이는 '고속 철도형', 산재형 왼손잡이는 '일반 노선형'이다.

참고: Dimond and Beaumont, 「The cortical organization of the right-and left handed」, 1974.

3-5

좌우 대뇌 신피질 연동시키기

적지 않은 학자들이 '평소부터 글자와 이미지를 함께 이해하는 습관을 들이면 효율 높은 학습이 가능하다'고 주장한다. 예를 들면, 영어 단어를 외울 때 글자(좌뇌)와 이미지(우뇌) 양쪽을 이용해 공부하면, 단어가 더욱 선명하게 뇌에 기억된다. 'fish'라는 글자와 함께 생선 그림을 함께 외우면 그 기억은 더욱 오래 남는다. 혹은 소리를 내 청각을 자극해도 기억이 뇌 속 깊이 각인된다.

다음 페이지는 이중 언어자의 언어 능력에 대해 연구한 캐나다 L. 갤러웨이(L. Galloway)의 모델이다. 문법과 같은 언어 기능은 좌뇌가 처리하고, 표정의 인지, 몸짓과 음색 판별과 같은 커뮤니케이션 기능은 우뇌가 처리한다.

인간의 언어 능력은 문법을 처리하는 좌뇌의 능력과 커뮤니케이션을 처리하는 우뇌의 능력이 합쳐져 완성된다. 따라서 대뇌 전체를 활용할 줄 알아야 언어 능력도 높아질 것이다. 여기서도 역시 뇌의 좌우를 잇는 뇌량의 역할이 무척 중요하다는 것을 알 수 있다.

천재라는 단어를 생각하면 더스틴 호프만(Dustin Hoffman) 주연의 영화 〈레인 맨〉의 모델이 된 킴 픽(Kim Pick)이 떠오른다. 그는 서번트 증후군을 앓고 있는 자폐증 환자로, 만 권 이상의 책 내용을 완벽하게 암기할 수 있는 뇌를 가지고 있었다. 그의 뇌에는 뇌량이 없었고, 대뇌 신피질이 좌우로 나뉘어 있지 않았다. 그의 경이로운 기억력은 뇌의 좌우가 일체화되었기 때문으로 알려졌다.

이중 언어자의 언어 능력에 대한 갤러웨이 모델

사람과 의사소통을 할 때 좌뇌와 우뇌의 움직임이 높은 차원에서 융합되어야 한다.

참고: Galloway, 1981.

3-6

뇌 영역을 총동원하여 창의성을 발휘하다

창의성이 뛰어난 사람과 그렇지 않은 사람의 차이를 뇌 과학적으로 규명한 실험이 있다. 미국 토머스제퍼슨대학교의 연구 책임자 앤드류 뉴버그(Andrew Newberg) 박사는 fMRI를 이용해 뇌 신경 회로망을 기록했다.

실험 방법은 피실험자에게 야구 배트와 칫솔 등 생활용품의 새로운 사용법을 생각하게 한 것이었다. 연구 결과, 창의성이 뛰어난 사람과 그렇지 않은 사람의 뇌량 차이가 명확히 드러났다. 창의성이 뛰어난 사람의 뇌량은 그렇지 않은 사람에 비해 신경 섬유의 개수가 확연히 많았다. 이에 대해 뉴버그 박사는 아래와 같이 말했다.

> (뇌량에) 붉은 부분이 많다는 것은 (창의성이 뛰어난 사람이 그렇지 않은 사람에 비해) 양쪽 반구를 잇는 신경 섬유가 많다는 뜻입니다. 이것은 양쪽 반구 사이의 정보 전달이 활발하게 이루어지고 있는 것을 나타냅니다. 높은 창의성을 가진 사람들의 특징으로 삼을 수 있는 현상이지요. 이들은 사고 과정이 유연하고, 뇌의 여러 영역에서 정보 전달이 활발하게 이루어지고 있다고 볼 수 있습니다.

천재의 뇌는 일반인이 떠올리지 못하는 사실과 현상들을 조합해 새로운 것을 창출한다. 즉 뇌의 다양한 영역을 이용해 정보를 교환하고 있는 것이다. 천재 하면 가장 먼저 떠오르는 인물인 알버트 아인슈타인은 이렇게 말한 바 있다.

> 상대성 이론의 원리를 발견하는 것보다 그것을 수식으로 만드는 데 몇 배의 에너지를 쏟아 부었다.

즉 상대성 이론은 언어가 아닌 이미지에 의해 탄생했다고 볼 수 있다. 하지만 이미지만으로는 자기 스스로만 이해할 수 있고, 남에게는 설명할 수 없다. 다른 사람에게 설명하기 위해서는 논리를 관장하는 좌뇌가 나서야 한다. 번뜩이는 아이디어를 창출해 내는 것은 우뇌의 일이지만, 우뇌만으로는 완벽한 창조가 이루어질 수 없다.

이쯤에서 좌뇌와 우뇌를 전환하는 기술을 알아보자. 도표 3-5는 무엇을 그린 그림일까? 아마 대부분 'LEFT'라는 단어와 의미를 알 수 없는 몇 개의 주황색 블록이 5~7초마다 번갈아 가며 머리에 둥둥 떠다닐 것이다. 이것이 바로 우뇌와 좌뇌가 전환되고 있다는 증거다.

도표 3-6은 뇌의 좌우를 바꿔 사용하기 위한 구체적인 예시다. 이런 훈련을 통해 일상생활에서 한쪽 뇌만 사용하는 부담을 덜어줄 수 있다.

도표 3-5 무엇이 보이나요?

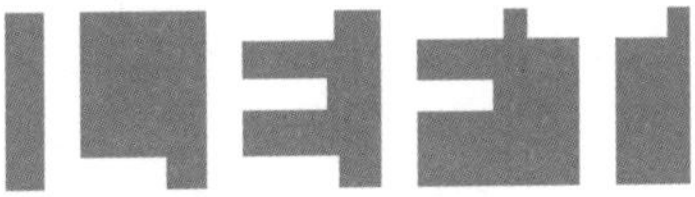

도표 3-6 좌뇌와 우뇌를 전환하는 기술

좌뇌 ➡ 우뇌

- 왼쪽 귀로 전화 받기
- 공상에 빠지기
- 콧노래 부르기
- 창밖 구름 바라보기
- 그림 그리기
- 향수 냄새 맡기

우뇌 ➡ 좌뇌

- 오른쪽 귀로 전화 받기
- 메모하기
- 속담 되뇌기
- 시계 보기
- 십자말풀이 하기
- 지갑 안의 동전 개수 세기

3-7

왼손잡이는 불편하지만 손해는 아니다

자녀가 왼손잡이라는 것을 알았을 때 당신은 어떻게 행동할까? 이전 세대까지만 해도 왼손잡이를 꺼려해 아이를 오른손잡이로 교정시키는 일이 많았다. 나 또한 젓가락질을 하거나 글씨를 쓸 때는 오른손을 쓰도록 배웠다. 하지만 역사 속 인물들을 살펴보면 우뇌를 사용하는 뛰어난 과학자나 발명가 중에는 왼손잡이가 무척 많았다.

레오나르도 다빈치도 아인슈타인도 왼손잡이였다. 다빈치는 미술, 음악, 공예 등의 각 분야에서 눈부신 업적을 남겼는데, 당시 지식인들의 필수 교양이었던 라틴어에는 약한 편이었다. 그가 남긴 방대한 양의 스케치는 대부분이 도형이었고, 스케치 구석에 있던 글자는 거울에 비친 것처럼 좌우가 반대로 쓰인 경상(鏡像) 서체였는데, 이 서체는 보통 왼손잡이들이 많이 쓴다고 알려져 있다.

미국 하버드대학교에서 실시된 조사에서는 수학을 잘하는 중학생은 국어를 잘하는 학생에 비해 왼손잡이 비율이 약 두 배나 많았다고 한다. '영재는 왼손잡이가 많다'는 주장도 있다. 간사이복지과학대학(関西福祉科学大学)의 핫타 다케시(八田武志) 교수가 쓴 『왼손잡이 대 오른손잡이 대연구(左対右きき手大研究)』에는 미국 아이오와대학교의 벤보(Benbow) 교수의 연구 내용이 실려 있다.

벤보 교수는 12~13세 학생들을 대상으로 고등학생이 대학교에 진학할 때 필요한 SAT 시험의 수학, 언어 점수를 분석했다. 이 시험은 보통은 고등학생이 치르는 시험이므로, 5살 정도 어린 피실험자들은 영재라고 할 수 있다.

이 실험 결과를 나타낸 것이 도표 3-7이다. 영재들은 '강한 왼손잡이', '약한 왼손잡이', '양손잡이'의 비율이 높았다. 그 이유에 대해 벤보 교수는 "태아기의 남성 호르몬 분비가 편중되면서 우반구가 보상적으로 발달했고, 이에 따라 수학에서 필요로 하는 공간적 능력이 향상되었기 때문"이라고 말했다.

또 왼손잡이는 오른손잡이보다 평소에 몸의 왼쪽을 사용하는 일이 많다. 따라서 우뇌를 사용하는 분야에서 오른손잡이보다 유리하다. 게다가 이 세상은 대부분 오른손잡이에 최적화되어 있어서 자동판매기, 자동 개찰구, ATM, 국자, 가위 등을 이용할 때 왼손잡이는 반강제적으로 오른손을 쓸 수밖에 없다. 이러한 상황이 왼손잡이에게 불편할지는 모르겠지만, 궁극적으로 왼손잡이는 좌뇌를 활성화하게 되어 좌우 균형이 맞춰진다.

도표 3-7 영재의 손잡이

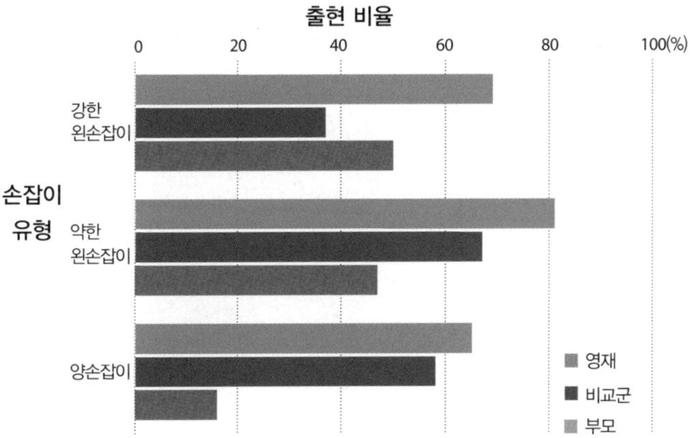

이 연구 대상이 된 수학 영재는 291명, 언어 영재는 165명으로, 비교군은 203명의 학생이다.

참고: Benbow, 「Physiological; corrlates of extreme intellectual precocity」, 『Neuropsychologia』, 24 pp. 719-725; 八田武志, 『左対右きき手大研究』, 化学同人, 2008から孫引き.

COLUMN 3

마음속 편견 없애기

편견은 번뜩임과 직감을 방해한다. 우리는 살면서 학습해 온 지식과 경험 때문에 편견에 사로잡히는 경우가 많다. 흔히 지식과 경험을 쌓으면 스스로가 똑똑해졌다고 느끼지만, 지식과 경험이 번뜩임과 직감에 악영향을 끼친다면 '똑똑해졌다고 느끼는 것'은 착각에 지나지 않는다.

도표 D의 정 가운데에 하얀 정삼각형이 보일 것이다. 하지만 이 도형은 실제로 존재하지 않으며, 환상에 지나지 않다. 그림의 배치 때문에 있는 것처럼 보일 뿐이다.

'분명 ~일 거야'라든지 '~임에 틀림없어'라는 말을 내뱉으면 당신의 뇌는 그것을 뒷받침하는 사실들을 찾아 나선다. 과거의 지식을 버리고 백지 상태에서 어떤 현상을 판단하는 일은 보기엔 쉬워보이지만, 사실 무척 어렵다. 이제라도 선입견을 버리고 상식을 의심해 보는 습관을 길러보자.

도표 D 이 그림에서 보이는 것은?

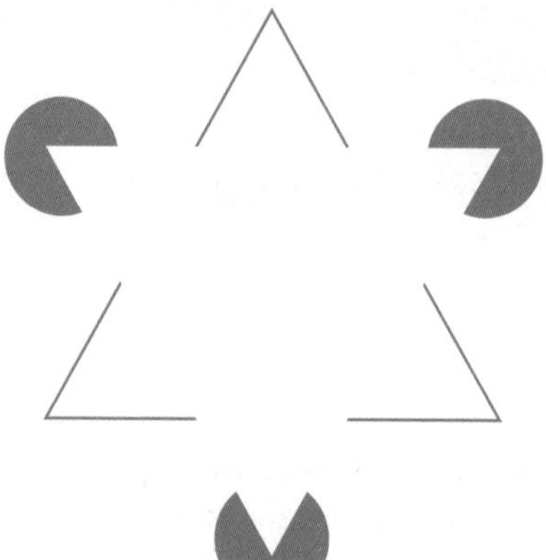

참고: Holtzen, 2000.

제 4 장

직감을 극한까지 끌어올리는 기술

4-1

직감의 정체 밝히기

직감만큼 신비로운 능력은 없다. 번뜩이는 아이디어 또한 대부분 직감에 의해 탄생한다. 반면 논리는 직감과 완전히 반대되는 개념이다.

천재는 어떤 생각을 떠올려도 그 생각을 그대로 타인에게 전달하기 어렵다. 번뜩임은 '다이아몬드 원석'이라 볼 수 있는데, 이것 자체로는 상품 가치가 낮다. 이것을 논리라는 연마기로 갈고 닦아야 비로소 반짝반짝 빛나는 다이아몬드가 되어 상품 가치가 생겨난다. 위대한 아이디어를 떠올렸어도 그것을 타인에게 알리려고 노력하지 않아 빛을 보지 못한 발명은 수도 없이 많다.

그러나 나는 논리력을 키울 수 있지만, 직감은 단련되지 않는다고 생각한다. 이것과 관련해 내가 가장 좋아하는 일화가 하나 있다. 토머스 에디슨은 전구를 발명한 직후, 공장을 건설하면서 그곳에서 일할 기술자를 채용하기로 했다. 이때 에디슨은 면접에서 자신이 발명한 전구를 면접자에게 보여주며 이런 질문을 했다고 한다.

이 전구의 부피를 알겠는가?

대부분의 면접자는 "실제로 전구 사이즈를 재보고 싶습니다"라고 대답했지만, 한 면접자는 "전구 일부를 조금 부순 후 그곳에 물을 넣어 용량을 확인하고 싶으니 비커를 빌려주십시오"라고 대답했다. 그 결과 에디슨은 전구 사이즈를 재보고 싶다는 면접자를 모두 떨어뜨렸다고 한다.

에디슨에게 필요한 사람은 복잡한 계산을 통해 답을 도출하는 논리적인 사람이 아니었다. 직감으로 발상을 전환해 답을 내는 사람이야말로 비상한 아이디어를 낼 수 있는 사람이라고 판단한 것이다.

아무리 뛰어난 슈퍼컴퓨터라도 인간의 뇌가 떠올리는 아이디어를 흉내 낼 수는 없다. 따라서 우리는 뇌를 풀가동해 아이디어를 내기 위한 시간을 만들고, 나머지 계산은 컴퓨터에게 맡기면 될 일이다.

비상한 아이디어를 낸 사람은 어느 쪽일까?

에디슨은 실제 크기를 재서 계산하려고 한 사람보다 뜻밖의 참신한 아이디어를 생각할 수 있는 사람을 뽑고 싶었던 게 아닐까?

4-2

동영상을 통해 직감을 끌어올리는 오타니 쇼헤이의 자세 배우기

2017년 홋카이도 니혼햄 파이터스(Hokkaido Nippon-Ham Fighters)에서 LA 에인절스 메이저 리거로 입단한 오타니 쇼헤이만큼 뇌의 화상 처리 기능을 잘 활용하는 스포츠 선수를 찾기는 쉽지 않을 것이다. 그는 스마트폰에 자신과 모범이 되는 투수의 동영상을 넣어 자택에서, 이동 중에, 짬이 나는 족족 그것을 보는 습관이 있다고 한다.

이에 대해 오타니 쇼헤이는 아래와 같이 이야기한다.

> (자세 동영상은) 아이패드로 주로 보고, 이동 중에는 휴대전화로도 봐요. 제 영상보다 다른 선수 영상을 보는 일이 더 많지요. 좌완 투수, 사이드 스로 투수, 타자 영상 모두 봅니다. 다른 사람의 영상을 보고 나에게 어떻게 적용하면 좋을지 연구하는 취미가 있어서 자면서도 좋은 아이디어가 떠오를 때가 있어요. 조금 더 이렇게 던져 보면 좋지 않을까, 이렇게 다리를 올리면 어떨까 하면서요.

막연히 연습을 반복하기만 해서는 극적인 변화를 기대할 수 없고, 시간도 많이 든다. 오타니 선수는 뇌의 화상 처리 기능을 최대한 활용하면서 번뜩임을 기다리는 것이다.

이러한 오타니 선수의 자세는 회사나 학교에서도 적용해 볼 수 있다. 어려운 업무, 난이도 높은 학습, 힘든 연습을 할 때는 자신의 목표와 관련된 주제를 항상 머릿속에 넣어 두고 이와 관련된 이미지(동영상이나 사진 등)를 적극 활용하여 뇌가 번뜩임을 출력할 수 있도록 기다리는 것이다.

직감을 끌어올리는 기술은?

내가 어떤 움직임을 하고 있는지 정확히 아는 것은 어렵다. 이럴 때는 동영상을 이용하면 편하다. 스마트폰으로 손쉽게 동영상을 찍을 수도 있다. 동영상을 통해 자신의 움직임을 객관적으로 바라본다면, 직감적으로 느끼는 부분이 생길 것이다.

4-3

또 다른 나와 대화하는 하뉴 유즈루

마음을 열고, 유연성을 키우면 사람들이 깨닫지 못한 '자그마한 변화'에 눈길이 가게 된다.

피겨 스케이팅 선수 하뉴 유즈루(羽生結弦)는 2018년 평창 동계올림픽에서 금메달을 목에 걸었다. 그는 피겨 선수로 활동하면서 '머리로 생각하기'보다 '자신의 내면과 대화하기'를 실천하면서 스스로의 감각을 끌어올렸다. 그 결과 세계 제일의 피겨 스케이팅 선수가 될 수 있었다. 이에 대해 하뉴 유즈루는 18세 때 이렇게 말했다.

> 항상 마음을 열고 있어요. 본 것, 느낀 것, 모든 것을 흡수하려고 해요. 반대로 내 마음도 솔직하게 꺼내놓아요. 마음을 열지 않으면 아무것도 흡수할 수 없고, 재미도 없잖아요.

최근 여러 분야에서 돋보인 인공 지능의 진화는 눈부시지만, 번뜩임이나 직감이라는 영역에 있어서 인간의 뇌는 그 어떤 컴퓨터보다 뛰어나다. 특히 몸이 인지하는 미묘한 감각은 인간의 뇌만이 감지할 수 있는 능력이라 해도 과언이 아니다.

하뉴 유즈루는 스케이트를 탈 때 느끼는 바람의 감촉, 스케이트의 날로 얼음을 찍을 때 느껴지는 단단한 정도 등을 섬세하게 느끼며 연기를 한다. 뇌가 보내는 마음의 소리에 귀를 기울이고, 이것을 퍼포먼스의 아이디어로 삼는 것이 하뉴 선수와 같은 일류들의 공통점이다.

깨달음의 기술 익히기

일류 운동선수는 몸이 느낀 것을 그대로 받아들여 그것을 시합이나 연기에 활용한다. 그러나 일부러 의식하지 않으면 느끼기 어렵기 때문에 생각보다 힘든 일이다. 작은 것도 민감하게 느낄 수 있는 훈련이 필요하다.

4-4

직감을 끌어올리는 자기 관찰 습관화하기

지식과 직감은 반대되는 개념이다. 지식을 뇌에 과도하게 입력하면, 직감을 출력하는 영역이 약해진다. 또 상식에 너무 익숙해지면, 선입견과 편견이 생겨 번뜩이는 능력과는 멀어진다.

물론 백지상태에서 번뜩임은 생기지 않는다. 먼지보다 작은 핵에 결정을 형성하는 눈처럼 번뜩임의 핵이 되는 것은 지식이다. 그러나 지식을 아무리 늘려도 번뜩이는 빈도는 높아지지 않는다. 오히려 뇌가 굳어 유연한 발상을 떠올리기 힘들어진다.

번뜩이는 아이디어를 떠올리기 위해서는 최소한의 지식을 핵으로 삼아 발상의 영역을 최대한 늘리는 것이 중요하다. 발상이 떠오르지 않을 때는 지식 영역의 스위치를 눌러 색다른 지식을 핵으로 삼아 새로운 발상을 유도해 보자.

직감을 갈고닦기 위해서는 평소에도 감성과 뇌의 감도를 높이는 노력을 해야 한다. 심리학 서적에 자주 나오는 '무의 경지'에 도달하는 것도 직감을 끌어올리는 데 도움이 된다. 무의 경지에 도달하는 일은 어려워 보이지만, 명상하는 습관을 들이면 비교적 쉽게 경험할 수 있다.

명상하는 습관은 직감을 활성화하는 뇌 만들기에 꼭 필요하다. 9-10의 '쾌감 이미지 트레이닝'을 쉬는 시간이나 취침 전 10분 동안 실천해 보자. 그러면 뇌 감도가 높아져 직감 또한 발달할 것이다.

이렇게 명상을 토대로 만들어진 것이 '마인드 풀니스(mind fullness)'다. 마인드 풀니스는 '지금 이 순간 나에게 집중하면서 현실을 있는 그대로 받아들이는 것'이다. 이 상태에 도달하면 통찰력과 직감이라는 신비로운 능력이 발달하게 된다. 즉 정신을 집중해 자기 자신의 정신 상태나 움직임을 내면적으로 관찰하는 '자기 관찰' 습관을 들이는 것이다.

마인드 풀니스로 직감 발달시키기

우리는 과거에 일어났던 좋지 않은 일을 끌고 와 끙끙 앓거나, 아직 일어나지도 않은 미래의 일을 걱정하곤 한다. 그런 과거와 미래에서 벗어나 현재에 의식을 집중해 보자.

4-5

풍부한 경험이 직감의 정확도를 높여준다

직감은 뇌의 고차원적인 기능으로 아주 신비로운 능력이다. 하지만 직감은 익숙한 업무나 학업에서 발휘되는 것으로, 복권 번호를 예측하는 데 쓰이는 것은 아니다.

나는 30년 넘게 경마권을 사고 있는데, 말의 몸짓이나 움직임에 정통한 경마 전문지 기자라면 몰라도 직감으로 경마 결과를 예상하기란 불가능하다는 것을 알고 있다. 직감이란 미래를 예상하는 것이 아니라 뇌의 감각을 예민하게 끌어올려 다른 사람들이 느끼지 못하는 부분을 캐치하는 것이다.

남아프리카 공화국의 요하네스버그 근교에 있는 광산에는 수많은 광부들이 일하고 있다. 이곳에서 막대한 보수를 받고 일하는 사람은 젊고 건장한 광부가 아닌, 풍부한 경험을 가진 나이 든 광부다. 베테랑 광부는 오랜 경험을 바탕으로 금 광맥을 발견하는 데 재능을 가진 경우가 많기 때문이다.

베테랑 광부의 뇌는 본인도 모르는 새에 지층의 미묘한 색깔 차이를 구분하고, 그 지층 아래에 잠들어 있는 금 광맥을 발견하고 있는 것이다. 이것이야말로 직감 그 자체라고 할 수 있다.

또 보이지 않는 위험한 부분을 찾아내는 탐지 능력도 직감의 하나라고 생각한다. 만약 여러분이 '이유는 모르겠지만 왠지 모르게 이 길을 택하면 위험할 것 같다'고 느낀다면 그것은 직감이 작용하고 있다는 뜻이며, 높은 확률로 직감이 맞아떨어질 것이다. 이것 또한 경험에 의한 감각이라고 할 수 있다.

뇌는 대조 작업에 탁월한 장기다. 우리 뇌 속에 차곡차곡 쌓인 과거의 정보와 다른 분야의 정보를 대조하면서 뇌에서는 화학 변화가 일어나고, 뇌는 참신한 직감과 번뜩임을 활발하게 출력한다.

도표 4-1 직감 갈고닦기

일시 _____년 ___월 ___일　　컨디션 ___점　　정신 ___점　　수면 ___점

	기상 후 점수	취침 전 점수
❶ 오늘은 좋은 소식이 찾아온다	(　　) 점	(　　) 점
❷ 오늘은 평소보다 일이 잘 된다	(　　) 점	(　　) 점
❸ 예상도 하지 않았던 좋은 일이 들어온다	(　　) 점	(　　) 점
❹ 오늘은 평소보다 운이 좋다	(　　) 점	(　　) 점
❺ 일이 끝나고 좋은 하루였다는 생각이 든다	(　　) 점	(　　) 점
(점수는 1점에서 10점 사이로 기입)　총 점수	(　　) 점	(　　) 점
점수 차		(　　) 점

오늘 하루 예측하기(기상 후 기입)

오늘 하루의 직감 돌아보기(취침 전 기입)

기상 후와 취침 전 10분 동안 칸을 채워보자. 아침에 직감적으로 그날 하루를 예측해 보고, 저녁에는 실제로 어땠는지 채점해 보자. 체크를 거듭하면 당신의 직감 능력 또한 나날이 향상될 것이다.

4-6

지각 능력 철저히 끌어올리기

레오나르도 다빈치는 한가로운 전원 풍경이 펼쳐진 이탈리아 토스카나 지방에서 유년 시절을 보냈다. 그는 새의 날갯짓을 오랜 기간 관찰해 온 것으로도 유명한데, 새의 정교한 날갯짓을 정확히 표현한 그림도 남아 있다. 영화의 슬로 모션 기술이 생기기 500년도 전의 이야기다. 그는 이러한 일화에 대해 아래와 같이 말했다.

> 이해하기 위한 최고의 수단은 자연의 무한한 작품을 수없이 감상하는 것이다. 평범한 인간은 주의 산만하게 바라보고, 귀 기울여 듣지 않는다. 느끼지 않고 만지며, 맛보지 않고 먹고, 신체를 의식하지 않고 움직인다. 향기를 느끼지 않고 호흡하며, 생각하지 않고 걷는다.
>
> 児玉光雄, 『最高の仕事をするためのイメ_ジトレ_ニング法』, PHP研究所, 2002.

그는 500년도 전에 현대인이 안고 있는 문제에 대해 한탄했다. 사견이지만, 레오나르도 다빈치와 같은 시대를 살았던 사람들은 현대인보다 직감이 뛰어나지 않았을까 예상된다. 매일 엄청난 양의 정보를 처리하는 데 쫓긴 나머지 현대인은 느끼는 것에 둔감해졌다.

도표 4-2에서는 내가 개발한 감각 트레이닝을 소개한다. 통근 시간 같은 자투리 시간에 실천해 보자. 트레이닝을 계속하다 보면 당신의 지각 능력이 단련되어 다빈치 같은 천재의 감각을 손에 넣게 될 것이다.

도표 4-2 감각 트레이닝

시각 트레이닝

냉장고에서 과일이나 채소를 하나 꺼내 10분 동안 천천히 관찰하며, A4 용지에 크레파스로 스케치를 해보자. 여유가 있다면 시간을 더 들여도 좋다. 지금까지는 몰랐던 새로운 발견을 할 수 있을 뿐 아니라 날카로운 관찰력도 키울 수 있다.

청각 트레이닝

출퇴근 시간 지하철에서 들려오는 소리를 3분 동안 최대한 많이 구분해 들어보자. 10종류의 소리를 구분해 내면 그날의 연습은 마쳐도 좋다. 어떤 사소한 소리도 놓치지 않겠다는 일념 하에 매일 반복해 보자. 분명 청각이 예민해질 것이다.

촉각 트레이닝

다양한 물체를 만질 때, 눈을 감고 손바닥에 의식을 집중해 감촉을 느껴보자. 평소 별 생각 없이 만지는 소파, 문구, 식기 같은 물건들은 시각에 기댄 나머지 촉각이 마비되어 그 감촉을 느끼지 못하는 경우가 많다. 시각을 차단해 손바닥의 감각을 민감하게 만드는 이 훈련을 통해 촉각을 단련할 수 있다.

후각 트레이닝

식사할 때, 후각에 의식을 집중해 향이나 냄새를 민감하게 느껴보자. 커피나 홍차를 마실 때도 은은하게 풍겨오는 향에 의식을 집중해 보자. 또는 식탁에 놓인 요리가 풍기는 향을 느끼면서 맛보도록 하자. 그러면 식사 시간이 몇 배는 더 즐거워질 것이다.

미각 트레이닝

미각만큼 애매한 감각도 없다. 눈을 가리고 음식을 먹으면 평소에 즐겨 먹는 음식 재료도 똑바로 맞추지 못하는 경우가 많다. 우리가 그동안 얼마나 많이 시각에 의존해 음식을 맛보고 있었는지 알 수 있는 예다. 음식의 맛을 볼 때는 눈을 감고 혀의 감각에 의식을 집중하면서 먹어보자. 이것만으로도 당신의 미각을 손쉽게 단련할 수 있다.

COLUMN 4

경상 서체 적어보기

3장에서 언급했듯 역사상 최고의 발명가이자 화가였던 레오나르도 다빈치는 경상 서체로 문자를 표현하는 것으로 유명했다. 손잡이와 관련된 연구로 저명한 의사 마에하라 가쓰야(前原勝矢) 박사는 아래와 같이 말한다.

> 다빈치는 오른손으로 글쓰기를 배우고, 스무 살 이후에 어떤 이유로 인해 왼손으로 펜을 쓰기 시작했다. 그의 예술가, 과학자로서의 배경과 함께 사회적 압력과 교정에 대한 불합리함이 그를 억눌렀고, 이에 대한 반발심 때문에 경상 서체를 사용하게 되었다.

도표 E에는 두 종류의 경상 서체가 있다. 위의 경우 글자뿐 아니라 문장을 쓰는 방향도 오른쪽에서 왼쪽으로 거꾸로 쓰여 있다. 아래는 글자만 거꾸로 쓰여 있고, 문장을 쓰는 방향은 같다.

연필을 하나씩 양손에 쥐고 동시에 경상 서체를 써보자. 분명 뇌가 단련되고, 참신한 발상이 떠올라 뇌 활성화에 도움을 줄 것이다.

도표 E 두 종류의 경상 서체

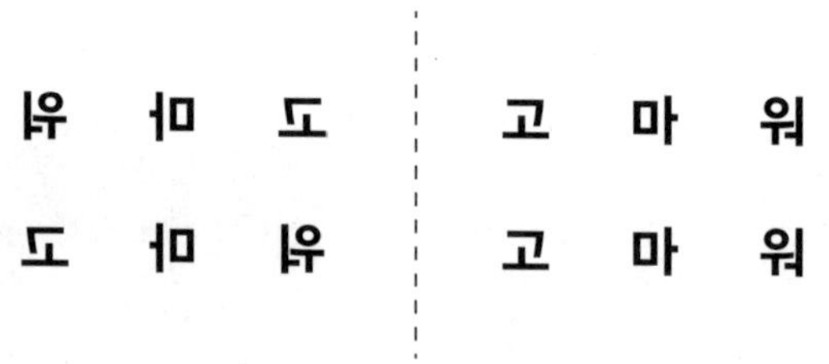

제5장

번뜩임을 최대화하는 기술

5-1

선입견에 빠지지 않기

눈앞에 어떤 풍경이 펼쳐졌을 때, 우리는 이것을 그대로 바라보지 않는다. 우리가 살아온 과거의 경험을 바탕으로 한 뇌의 스크린을 통해 풍경을 보게 된다.

다음 페이지의 그림 두 장을 비교해 보자. 노란 옷을 입은 사람은 똑같은 크기다. 그런데 왼쪽 그림은 평범한 인물로 인식되지만, 오른쪽의 경우에는 무척 작은 사람으로 느껴진다. 이를 통해 우리는 외부 세계를 있는 그대로 파악하는 것이 아니라, 항상 보정된 눈으로 판단하고 있다는 것을 알 수 있다.

선입견 때문에 물체의 본질을 꿰뚫어 보지 못하는 경우도 있다. 2007년 1월 어느 겨울날 아침, 미국 워싱턴의 한 지하철역 앞에서 바이올린을 연주하는 남성이 있었다. 그는 45분 동안 바흐의 곡을 6개 연주했다. 아침 출근 시간이었기 때문에 수많은 사람이 그의 앞을 지나쳤지만, 대부분 그의 존재를 전혀 의식하지 않고 가던 길을 재촉했다.

사실 이 연주는 실험이었고, 이 장면은 숨겨 놓은 카메라로 촬영되고 있었다. 바이올린을 연주한 남성은 세계적으로 유명한 바이올리니스트 조슈아 벨(Joshua Bell)이었다. 그는 이날 350만 달러(약 43억 원)에 달하는 바이올린으로 연주를 했다. 실험 이틀 전에 열린 그의 보스턴 콘서트는 만석이었으며, 티켓 가격은 100달러(12만 원) 이상이었다.

약 45분간의 실험 동안 총 1,097명의 인파가 벨의 옆을 지나쳤다. 그중에서 돈을 두고 간 사람은 28명, 그의 앞에 서서 연주를 들은 사람은 7명, 그가 벨이라는 것을 눈치챈 사람은 오로지 한 명이었다. 벨이 관객에게 받은 돈은 그의 정체를 눈치챈 사람이 낸 20달러를 제외하면 고작 32달러 17센트였다. 대부분 벨을 잔돈이나 받는 길거리 음악가라고 착각해 세계적인 음악가의 연주를 들을 생각조차 하지 않았던 것이다.

이처럼 성인들은 대부분 눈앞의 사실을 과거의 경험에 빗대어 색안경을 쓰고 바라본다. 경험은 귀중하지만, 경험에서 오는 선입견은 창의성을 방해하는 요소이기도 하다.

뇌의 착각

왼쪽은 뇌가 복도의 원근감을 인식하여 두 인물의 크기 차이가 자연스러워 보인다. 하지만 배경이 실제 복도가 아닌 그림이라면 오른쪽처럼 인물의 크기 차이가 발생할 수 있다.

5-2

건망증과 번뜩임의 뜻밖의 관계 이해하기

심리학자 케빈 리먼(Kevin Leman) 박사가 진행한 위대한 업적과 나이에 관한 연구에 따르면, 위대한 업적이 가장 많이 탄생한 나이대는 아래와 같다.

화학(25~29세)
수학(30~34세)
심리학(35~39세)
천문학(40~44세)
소설(40~44세)

놀랄 말한 사실은 수학, 기악곡, 조각과 같은 분야에서는 60세 이상의 활약이 뚜렷했다는 점이다. 특히 그랜드 오페라, 회화, 수학 분야에서는 80세 이상의 나이에도 창작과 연구 의욕을 불태우는 사람들이 적지 않았다. 이 분야에서만큼은 40세의 수재가 80세의 천재를 이길 수 없었다.

그러나 우리는 나이가 들면서 '건망증'이라는 현상을 겪게 된다. 이것을 조금 더 구체화하자면 '기억하지만, 떠오르지 않는다'라는 답답한 현상을 가리킨다. 조금 더 전문적으로 표현하면 대뇌 피질 어딘가에 기억된 사실이 왜인지 전두엽에서 정답으로 출력되지 않는 현상을 말한다. 무언가 생각할 때 전두엽은 기억이 저장된 뇌 속 여러 부분에서 답을 찾아 헤매는데, 여기에서 정답이 튀어나오지 않는 상태다.

그러다 어떤 계기로 인해 정답이 떠오르기도 한다. 건망증이 심각하지 않다면, 힌트를 통해 생각할 수 있다. 예를 들어 최근 미디어에 나오지 않았던 가수가 추억 특집 방송에 나왔을 때, 가수의 얼굴과 노래 제목만 보고는 가수 이름이 떠오르지 않을지도 모른다. 하지만 이름 후보 세 가지가 나온다면 고민 없이 대답할 수 있을 것이다.

● 건망증과 번뜩임의 공통점

영국의 천재 물리학자 로저 펜로즈(Roger Penrose)는 '창조하는 것과 떠올리는 것은 유사하다'고 주장한다. 실제로 끙끙거리며 어떤 답을 찾아 번뜩임을 만드는 것과 한동안 생각나지 않던 가수의 이름을 필사적으로 생각하려고 하는 것의 뇌 작용 원리는 아주 흡사하다.

다만 이 두 가지에는 결정적인 차이도 존재한다. 뇌 속에 축적된 방대한 양의 노하우와 지식을 가지고 완전히 새로운 것을 만드는 것은 번뜩임이며, 무엇이 출력될지도 예측할 수 없다. 한편 건망증은 이미 저장된 특정 사실을 단순히 끄집어낼 뿐이다.

여담이지만, 나는 간혹 찾아오는 건망증이 무척 반갑다. 왜냐하면 나의 머리가 대단히 활성화하고 있다는 것을 실감할 수 있기 때문이다. 마치 다음 주 수업 주제를 생각하면서 가장 좋은 주제가 무엇일지 정하는 작업과 아주 비슷하기도 하다.

연상 게임은 발상 능력을 키우는 데 가장 적합한 훈련이다. 뇌 속에서 무언가를 연상해 출력하는 작업은 창의성을 키우는 데에 탁월한 훈련이다. 이번 챕터와 제6장에서 소개하는 몇 가지 발상 트레이닝을 평소에 연습하면 발상 능력 또한 향상되어 참신한 아이디어를 떠올릴 수 있게 될 것이다.

5-3

아이디어를 구상만으로 끝내지 않는 열 가지 마음가짐

발상의 달인이 되고 싶다면 지금 자신이 끌어안고 있는 주제를 항상 머릿속에 두고 자투리 시간에 여러 번 사색을 반복해야 한다. 사색은 마음만 먹으면 24시간 동안 할 수 있고, 심지어 수면 중에도 가능하다. 한 가지 주제를 100시간 동안은 치열하게 생각해야 유익하고 쓸모 있는 발상이 간신히 하나 떠오른다. 발상이란 바로 이런 것이다.

메모장과 연필만 있다면 발상은 언제 어디서나 가능하다. 주제를 한참 생각하다 떠오른 아이디어는 메모장에 적어 놓도록 한다. 되도록 아이디어 전용 공책을 만들면 좋다. 물론 생각날 때마다 스마트폰에 입력해도 된다.

별 것 없는 아이디어라고 느껴져도 일단 그것을 버리지 말고 적어 두는 것이 중요하다. 별 것 없다고 느껴지는 아이디어 속에 '다이아몬드 원석'이 숨어 있을지도 모르기 때문이다. 이러한 습관을 들이면 발상을 떠올리기 쉬운 뇌로 변화한다.

다음 페이지에는 전 P&G 그룹 부사장 존 오키프(John O'Keefe)가 그의 저서에서 밝혔던 상식을 깨는 아이디어를 단순한 구상만으로 끝내지 않기 위해 실천했던 열 가지 마음가짐이 담겨 있다. '깨다, 의심하다, 기상천외, 돌발, 무리 지어 다니지 않는다'와 같은 말은 일류가 지닌 자질로 볼 수 있다. 이제 상식은 어떤 분야에서도 통하지 않는다.

상식을 깨는 아이디어를 단순한 구상만으로 끝내지 않기 위한 열 가지 마음가짐

1. 평소 상식에 휘둘리지 않는 생각 떠올리기
2. 목표는 상식과 무관하게 세우기
3. 이 문제에 대처할 필요가 있는지부터 따져보기
4. 암묵적 지식을 가진 사람은 상식을 버리기
5. 상식의 한계를 가늠하기
6. 매너리즘에서 벗어나기
7. 과거의 성공에 얽매이지 않기
8. '틀'에 갇히는 쪽이 리스크가 더 크다
9. 보잘것없는 아이디어라도 토대가 될 수 있다
10. 아이디어는 잠재워둔다

구상은 옥과 돌이 함께 섞여있는 '옥석혼효(玉石混淆)'와 같다. 어떤 구상이 아이디어로 이어질지 알 수 없기 때문에 가지고 있어야 한다.

5-4

셀프 브레인스토밍 기술 익히기

먼저 브레인스토밍에 대해 알아보자. 많은 기업이 사용하는 방법이며, 충분히 효과적으로 활용할 수 있는 발상법이다. 브레인스토밍에는 네 가지 규칙이 있다.

1. 타인이 낸 아이디어 비판하지 않기
2. 자유분방하게 아이디어를 내는 것을 우선시하기
3. 무엇보다 양이 중요
4. 마지막으로 나온 아이디어를 조합하여 개선하기

브레인스토밍은 혼자서도 가능한데, 이것이 바로 '셀프 브레인스토밍'이다. 혼자라면 시간과 장소를 구애받지 않지 않고 할 수 있고, 다른 사람의 눈치를 볼 것도 없으니 더욱 참신한 아이디어가 떠오를 수 있다.

다음 페이지의 표는 독일의 경영 컨설턴트 홀리거(Holliger)가 635법칙을 사용하기 위해 만든 방법을 조금 변형한 것이다. 635법칙은 여섯 명이 각각 세 개의 아이디어를 5분 동안 생각해 옆 사람에게 돌려 이 방식을 되풀이하는 발상법이다. 365법의 특징은 앞 사람이 적은 아이디어를 힌트 삼아 새로운 아이디어를 떠올릴 수 있다는 것이다.

이제 다음 페이지의 셀프 브레인스토밍 용지를 복사해 5분 동안 세 개의 아이디어를 내보자. 그다음에는 시간과 장소를 바꾸어 또 다른 세 개의 아이디어를 5분 동안 떠올려 보자. 이것을 자투리 시간을 활용하여 하루에 여섯 번 반복한다. 그러면 총 18개의 아이디어를 얻게 되는데, 시간과 장소를 바꾸면 새로운 환경이 자극으로 다가와 새로운 발상이 더 잘 떠오를 것이다.

도표 5-1 셀프 브레인스토밍 전용 용지

일시 __________년 ___월 ___일

주제 ______________________________

	A	B	C
1			
2			
3			
4			
5			
6			

원래는 여섯 명이 아이디어를 세 개씩 내는 방식이지만, 장소와 시간을 바꿔가며 혼자서 아이디어를 내는 데 사용해도 효과적이다.

5-5

세렌디피티가 번뜩임의 계기가 된다

세렌디피티(serendipity)는 천재와 깊은 관련이 있다. 세렌디피티란 18세기 영국의 정치가이자 소설가였던 호러스 월폴(Horace Walpole)이 만든 말로 '우연에 의한 뜻하지 않은 행운의 발견'이라는 의미다. 그는 〈스리랑카의 세 왕자〉라는 동화를 썼는데, 그 내용은 이렇다.

> 여행길에 오른 세 왕자가 페르시아 수도 근처에 도착했을 때, 낙타가 달아나 낙담하고 있는 한 남자를 만났다. 낙타를 잃은 남자는 세 왕자에게 "혹시 오는 도중에 낙타를 보셨는지요?"하고 물었다. 그러자 세 왕자는 재미있는 대답을 내놓았다.
>
> 첫 번째 왕자는 "그 낙타는 애꾸눈인가?" 하고 물었다. 두 번째 왕자는 "네 낙타는 이가 하나 빠졌구나"라고 말했다. 세 번째 왕자는 "그 낙타는 한쪽 발을 절고 있구나"라고 말했다.
>
> 왕자들이 하는 말이 모두 맞았기에 낙타를 잃은 남자는 세 왕자가 자신의 낙타를 훔쳤다고 생각해 고발했다. 황제는 세 왕자를 도둑이라 생각해 잡아들였지만, 낙타가 다시 나타났기에 이들은 무죄로 석방되었다. 황제는 세 왕자에게 "어떻게 보지도 않은 낙타의 특징을 알았는가?"라고 물었다. 그러자 세 왕자는 이렇게 대답했다.
>
> 첫 번째 왕자는 "길가의 풀을 왼쪽만 뜯어먹었으니 낙타는 오른쪽 눈이 보이지 않는다고 생각했습니다"라고 말했다. 두 번째 왕자는 "뜯어먹고 남은 풀 모양으로 낙타의 이가 빠졌다는 것을 알 수 있었습니다"라고 말했다. 세 번째 왕자는 "한쪽 다리를 질질 끈 흔적이 있었기 때문입니다"라고 대답했다.

세 왕자는 길가의 특징을 기억해 추리했고, 이 우연이 진실과 맞닿아 있었던 것이다.

월폴은 우연이 큰 발견의 실마리가 된다는 것을 이 동화로 표현하고자 했다. 이 내용을 일이나 학습에 적용해 보면 어떨까? 해결해야 하는 일이 있다면 바로 답이 보이지 않더라도 생각하는 것을 반복하고, 인내심 있게 번뜩임을 기다리는 것이다.

어떤 지식이 복을 가져다줄지 알 수 없다

만약 세 왕자에게 뛰어난 관찰력과 기억력이 없었다면 이러한 우연은 일어나지 않았을 것이다.

5-6

준비가 완벽하다면 뇌 속의 화학 반응이 번뜩임을 낳는다

번뜩임은 어느 날 갑자기 찾아오지만, 준비되지 않은 자에게는 절대로 오지 않는다. 독일의 금 세공사였던 요하네스 구텐베르크는 근대 인쇄학의 조상이라고 불린다. 그가 활판 인쇄기를 떠올린 계기는 포도 수확철에 친구와 함께 와인을 만드는 포도 압축기 움직임을 본 것이었다.

압축기에 포도가 눌릴 때 압축기 부분에 자국이 남았는데, 이를 보고 '위에서 누르는 방식'의 구조가 그의 머리에 떠올랐고, 결국 대량 복제가 가능한 활판 인쇄기를 발명하기에 이르렀다.

금전 등록기나 잔디 깎는 기계도 이와 같은 우연에 의해 탄생했다. 금전 등록기는 한 레스토랑 경영자가 배 안의 동력실에 있는 '프로펠러 회전수 계측기'를 보고 떠올린 것이다. 이것을 본 순간 그의 머릿속에는 레스토랑의 '돈 세는 기계'가 떠올랐다.

잔디 깎는 기계 발명가는 의류 공장에서 일하고 있었는데, 어떻게든 커다란 낫으로 풀을 베는 번거로움을 해결하고 싶었다. 어느 날 그는 일하던 중 보풀 제거기의 롤러에 달린 두 개의 날이 회전하며 옷의 보푸라기를 제거하는 것을 보고 좋은 아이디어가 떠올랐다. 기다란 날과 두 개의 바퀴가 달린 기계에 긴 회전축을 달아 잔디를 깎으면 허리를 숙일 필요가 없다는 것을 깨달은 것이다. 그렇게 잔디 깎는 기계를 발명하게 되었다.

이처럼 수많은 발견은 발명가가 문제를 고심하고, 뇌가 다양한 사고를 거듭했을 때, 주위에 있는 다양한 분야의 정보와 결합해 전혀 관련이 없어 보이는 이미지가 서로 합쳐지면서 생겨난다. 그리고 나는 이것을 '조합 우발 사고'라고 부른다.

그렇다면 창의력이 뛰어난 사람과 일반인의 차이는 무엇일까? 도표 5-2

는 미국 오리건대학교의 제럴드 알바움(Gerald S. Albaum) 박사가 발명가와 일반인의 성격 차이를 비교하기 위해 103명의 발명가와 75명의 일반인을 대상으로 시행한 설문 조사 결과다.

도표를 보면, 위의 세 가지 요소가 양쪽 그룹의 차이를 선명하게 보여준다. 발명가는 '팀으로 움직이기보다 혼자서 행동하는 것을 선호한다, 시각 이미지로 사물을 생각하는 편이다, 스스로를 창의적이라고 생각한다'는 항목에 '예'라고 대답한 비율이 무척 높았다.

도표 5-2 독립 발명가와 일반인의 성격 차이

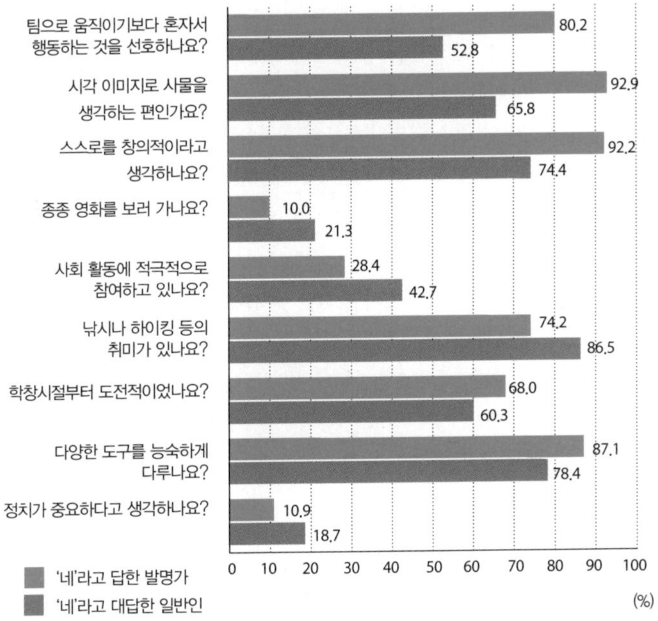

출처: Albaum, 「G. Psychological Reports」, 39, pp.175-179, 1976.

5-7

시각화가 꿈을 실현시킨다

시각화는 스포츠 심리학에서는 이미지 트레이닝이라고도 불린다. 번뜩임은 문자와 숫자로 출력되지 않기 때문에 번뜩임과 시각화는 깊은 관련이 있다.

본디 생물의 뇌는 아날로그 식으로 만들어졌기 때문에 모든 것을 이미지로 출력한다. 그 증거로 문자와 숫자를 이해하는 것은 인간뿐이고, 이 또한 수천 년 동안 인류가 획득해 온 기술이라는 점을 들 수 있다.

시각화와 관련된 일화는 셀 수 없을 정도로 많다. 한 가지 예를 들면, 월트 디즈니는 캘리포니아의 디즈니 랜드가 완성되기 수년 전부터 가족을 위한 테마파크의 이미지를 머릿속 깊숙이 각인시켜 놓았다.

그리고 그 이미지를 1955년, 캘리포니아 디즈니 랜드로 현실화했다. 추후 그는 플로리다의 월트 디즈니 월드의 완공을 보지 못한 채 1966년에 세상을 떠나게 되었다. 월트 디즈니 월드가 개장한 날, 그의 아내가 초대되었고 기자단은 그녀에게 이렇게 말했다.

> "남편분이 이곳에 계셨다면 정말 좋아하셨겠어요."
> 그러자 그의 아내는 이렇게 답했다.
> "아니요, 그는 이미 오래전부터 이 광경을 봐왔답니다."

월트 디즈니는 살아 있는 동안 플로리다 월트 디즈니 월드의 모습을 선명히 그리고 있었던 것이다.

시각화의 힘이란?

머릿속에서 그린 이미지는 물리적으로 불가능한 일이 아닌 이상, 대부분 달성 가능하다. 뇌 안에 기억된 긍정적 이미지는 당신이 원하는 목표에 도달하기 위한 프로그램을 짜준다. 그러나 시각화되지 않은 꿈은 절대 이룰 수 없다.

5-8

과거 최고의 순간을 몇 번이고 떠올리기

일류는 머릿속에서 완성한 이미지를 선명히 시각화한다. 이 이미지가 선명할수록 실현될 확률도 높아진다. 나는 프로 골퍼의 멘탈 카운셀링을 20년 이상 해왔다. 나는 늘 그들에게 "당신이 당당히 우승 트로피를 거머쥐는 장면을 몇 번이고 떠올려 보세요. 그것이 당신을 우승으로 이끌 것입니다"라고 말한다. 하지만 목표를 선명히 그리고도 노력을 지속하지 않는다면 그것은 한낱 그림에 지나지 않는다.

뇌는 선명히 그린 이미지와 실제로 일어난 일을 구분하지 못한다. 시각화는 단편적인 것이라도 좋다. 결국 이것은 우리가 영화를 보는 작업과 비슷하다. 흐름에 맡긴 채 떠오르는 장면을 뇌 속에 그리는 것이다.

시각화는 언제 어디서나 가능하다. 지하철이나 버스에서 이동하는 시간, 약속 상대를 기다리는 시간, 슈퍼에서 계산을 기다리거나 ATM 기기에 줄을 서 있는 동안에도 할 수 있다. 하루에 적어도 열 번 이상 시각화를 하는 시간을 마련하자.

시각화는 이루고자 하는 목표에 대한 이미지뿐만 아니라 과거의 성공 경험도 좋다. 영업 사원이라면 과거에 성공적으로 고객 앞에서 발표했던 기억을 머릿속에서 되풀이하는 것도 좋다. 그러면 더 많은 신규 고객과 새로운 계약을 맺을 수도 있다. 변호사라면 과거에 승소했던 재판 기록을 머릿속에서 다시 재생하면, 다음 재판을 승리로 이끌 수 있을 것이다.

항상 떠올려야 하는 두 가지

시각화와 함께 '나는 반드시 꿈을 이룬다'고 끊임없이 생각하는 것도 중요하다. 이것은 시각화를 강화시켜 주기도 하며, 행동력을 자극할 수 있다. 일류 외과 의사나 조종사도 과거의 체험을 완벽히 시각화해 어려운 업무를 완수할 수 있다. 과거에 당신이 성공했던 구체적인 체험을 뇌 속 스크린에 비추는 작업에 집중해 보자.

COLUMN
5

풍요로운 환경이 창의력을 자극한다

창의력을 발휘하기 위해서는 풍요로운 환경을 갖추는 것이 중요하다. 2015년까지 내가 패널로 종종 출연했었던 후지TV의 〈진짜야!? TV〉에 출연한 뇌 과학자 사와구치 도시유키(澤口俊之) 박사는 '뇌의 능력은 유전적 요소가 60%, 환경이 40%의 영향을 미친다'고 주장한다.

이에 관련된 실험도 있다. 유전적으로 완전히 똑같은 쥐를 '풍요로운 환경'과 '빈곤한 환경'으로 나누어 사육했다. 풍요로운 환경에는 넓은 사육장에 쥐 열 마리 정도를 함께 사육했고, 쳇바퀴나 사다리 같은 도구도 놓았다. 빈곤한 환경에는 좁은 사육장 안에 한 마리만을 넣어 도구 없이 먹이만을 주었다. 빈곤환 환경에 있던 쥐는 당연히 풍요로운 환경의 쥐보다 운동량이 압도적으로 적을 수밖에 없었다.

이 조건으로 일정 기간 사육한 후, 대뇌 발달의 정도와 지능 검사를 한 결과, 풍요로운 환경에서 자란 쥐가 빈곤한 환경에서 자란 쥐보다 확연히 우수한 성적을 보여주었다.

이것은 인간에게도 통용되는 연구 결과다. 유소년기에 다양한 도구를 가지고 놀거나 운동을 즐기면 우뇌가 발달하고, 이에 따라 자연스럽게 창의성이 길러진다. 초등학교에 입학한 후에는 좌뇌로 기억하는 일이 많아지는데, 이러한 학습 환경에도 쉽게 적응하여 학습할 수 있게 되는 것이다.

제 6 장

번뜩임을 구체화하는 기술

6-1

포스베리의 배면뛰기에서 배울 점

스포츠계의 가장 혁명적인 진화를 꼽으라면, 단연 높이뛰기 종목의 '배면뛰기' 기술을 들 수 있다. 지금은 높이뛰기 선수들이 대부분 배면뛰기를 하지만, 반세기 전만해도 대세는 바닥을 보면서 뛰는 '벨리 롤(Belly roll)'이었다. 그러나 1968년 멕시코시티 올림픽에서 미국의 딕 포스베리(Dick Fosbury) 선수가 스스로 개발한 배면뛰기 기술로 당당히 금메달을 차지하면서 흐름은 바뀌었다.

포스베리는 어떻게 배면뛰기를 개발하게 되었을까. 포스베리가 배면뛰기를 개발하기 전 높이뛰기 기술 중 주류는 '가위뛰기'였다. 가위뛰기는 양다리를 걸터앉는 듯한 자세로 뛴 후, 봉 위에서 다리를 가위처럼 교차하는 방식이다.

포스베리가 10살에 높이뛰기를 본격적으로 시작했을 때, 높이뛰기 기술 중 주류는 가위뛰기였다. 하지만 가위뛰기는 도움닫기를 한 후, 도약하는 힘이 약했기 때문에 시대의 흐름에 뒤쳐진다는 지적을 받았다. 이에 높이뛰기 기술은 점차 벨리 롤을 대세로 바뀌었는데, 포스베리만은 가위뛰기를 고집했다.

포스베리는 고등학고 진학 후 벨리 롤에 도전했지만, 기록은 향상되지 않았다. 그는 코치에게 가위뛰기 방식으로 돌아가고 싶다고 하면서, 가위뛰기를 개선하기 위해 여러 방법을 시도했다. 가위뛰기의 결정적인 결함은 엉덩이가 봉에 닿는 것이었고, 포스베리는 엉덩이가 닿지 않도록 뛰고 또 뛰었다. 그러자 자연스럽게 어깨가 내려가 엉덩이와 같은 높이가 된다는 사실을 깨달았다. 기록도 꾸준히 향상되었다.

연습 끝에 공중에서 봉을 등에 대고 하늘을 보는 자세가 되었다. 포스베리는 허리를 들어 엉덩이가 봉에 닿지 않도록 하면서 엉덩이가 봉을 통과하는 순간 다리를 들어 뛰어넘는 배면뛰기를 완성시켰다.

우연에서 탄생한 배면뛰기

배면뛰기는 가위뛰기가 발전한 것이라고 할 수 있다. 포스베리가 벨리 롤만을 고집했다면 배면뛰기는 탄생하지 못했을 것이다.

6-2

뇌를 해방하면 번뜩임이 떠오른다

일이나 학업에서 창의성을 발휘하고 싶다면 지금까지 쌓은 지식을 모두 버리고, 백지 상태에서 생각해 보자. 이러한 자세는 창의성을 발휘하는 데 도움이 된다. 다이어트는 몸매 관리에만 필요한 것이 아니다. 번뜩임에도 '지식의 다이어트'가 필요하다.

이를 증명한 연구도 있다. 미국의 한 대학에서 비디오 교재를 이용한 실험을 했다. 학생을 A와 B 그룹으로 나누어 A에는 아래의 자료를, B에는 밑줄 친 문장을 제외한 자료를 배부했다. 학생들이 받은 자료는 아래와 같았다.

> 제1부는 비디오를 30분간 시청합니다. 이 비디오는 물리의 기본 개념 몇 가지에 관한 내용입니다. 제2부에는 물리에 대한 질문표를 배분할 예정이니, 각 질문에 답변해 주십시오. 비디오에선 물리에 대한 몇 가지 견해 중 하나만을 소개하는데, 이 내용이 도움이 될지는 알 수 없습니다. 문제에 답변할 때는 다른 방식이나 견해를 자유롭게 써도 좋습니다.

과연 결과는 어땠을까? 창의적인 답변을 한 쪽은 A 그룹이었다. 밑줄 그은 내용을 삭제한 자료를 받은 B 그룹은 자유로운 답변을 하면 안 된다는 내용이 적혀 있지도 않았는데, 비디오로 배운 지식만 이용해 뻔한 답을 했다. 이 실험을 통해 알 수 있는 사실은 상식과 편견이 머리를 지배하면, 발상과 번뜩이는 아이디어가 나설 자리가 없게 된다는 것이다.

그렇다면 번뜩임을 발휘해 자신의 미래를 예상하는 훈련을 해보자. 도표 6-1을 사용해 나의 10년 후 또는 인류의 삶 100년 후를 우뇌를 이용해 예상하고, 시각화 기술을 이용해 그림과 글자로 표현해 보자.

여기서는 정확한 예측보다 우뇌를 사용해 미래를 예측하는 작업 그 자체가 중요하다. 자유자재로 사고하는 시간을 더 늘려보자. 그러면 당신의 발상 능력은 더 날카로워질 것이다.

도표 6-1 가까운 미래와 먼 미래 예상하기

	내 모습	내 모습을 그린 그림
3년 후		
5년 후		
10년 후		

	세상의 모습	세상의 모습을 그린 그림
10년 후		
50년 후		
100년 후		

나의 모습과 세상이 어떻게 변했을지 자유롭게 상상하면서 칸을 채워보자. 이 내용을 토대로 되도록 구체적인 그림을 그려보자.

6-3

기분 전환 시간 소중히 하기

위대한 창조자는 대부분 실험실이나 책상 앞이 아닌 기분 전환 시간에 귀중한 발견을 한다. 수학가 앙리 푸앵카레(Henri Poincare)는 방안에 틀어박혀 매일 1~2시간 푹스(Fuchs) 함수와 유사한 함수는 존재할 수 없다는 사실을 증명하기 위해 매달렸지만, 성과는 없었다.

그런데 항상 우유를 넣은 커피를 마시다가 깜빡 잊고 우유를 넣지 않은 커피를 마시던 어느 날, 갑자기 눈이 뜨이면서 다양한 발상이 머리를 스치고 지나가 증명을 완성하게 되었다.

또 푸앵카레는 갑자기 떠난 여행에서 마차 발판에 오른 순간 놀랄만한 해결책을 떠올리기도 했다. 그의 저서 『과학과 방법(科学と方法)』에 따르면, 그는 이때 수학과 관련된 일은 전혀 생각하지 않았다고 한다.

아인슈타인은 연구실에 조용히 틀어박혀 상대성 이론을 확립하기 위한 연구에 몰두해 있었다. 좀처럼 일이 풀리지 않던 어느 날, 스위스의 레만 호수에 요트를 띄우고 멍하니 쉬고 있을 때 이론과 관련된 소중한 아이디어가 떠올랐다고 한다.

금 왕관에 불순물이 섞여 있는지 알아내야 했던 아르키메데스도 목욕탕에서 계측 방법을 떠올렸다. 아르키메데스가 "유레카(알아냈어)"라고 외쳤다는 일화가 유명한데, 사실 그는 이전에도 수없이 목욕탕에 들어갔을 것이다.

이들의 공통점은 치열한 고심 끝에 기분 전환을 했을 때, 위대한 번뜩임이 떠올랐다는 것이다. 골몰하는 과정 사이에 기분 전환의 시간을 가지면, 우연이지만 필연적인 마지막 네트워크가 이어지면서 뇌가 번뜩이게 된다.

도표 6-2는 내가 제안하는 50가지 기분 전환 방법이다. 지금까지 경험해 보지 못했던 것을 골라 실천해 보자. 익숙한 경험보다 새로운 경험에 도전

하는 것이 더 의미 있을 것이다.

또 일하면서 벽에 부딪혔다고 느껴지는 날은 깔끔히 일을 던져버리고 180도 다른 행동을 해보기 바란다. 이때 공책과 펜은 잊지 말고 꼭 챙기도록 하자.

도표 6-2 50가지 기분 전환 방법

1 코미디 방송 보기
2 피트니스 클럽 가기
3 바비큐 파티 열기
4 일기 쓰기
5 공중목욕탕 가기
6 프라모델 만들기
7 경마 즐기기
8 요리하기
9 장기나 바둑 시작해 보기
10 빠른 걸음으로 공원 걷기
11 고층 빌딩 옥상에 오르기
12 사이클링 즐기기
13 원반던지기 즐기기
14 봉사활동 하기
15 박물관 가기
16 낚시하러 떠나기
17 말차 마시기
18 골프 연습장 가기
19 볼링 즐기기
20 조깅하기
21 그림 그리기
22 테니스 치기
23 무선 조종 비행기 날리기
24 인테리어 바꾸기
25 서점 가기

26 매일 죽방울 가지고 놀기
27 세미나 참가하기
28 잘 읽지 않는 장르의 책 읽기
29 캐치볼 하기
30 요가 배우기
31 디지털 카메라에 심취하기
32 사찰이나 교회에 다녀오기
33 배드민턴 즐기기
34 오락실 가기
35 새로운 식당 개척하기
36 새 관찰하기
37 콘서트 가기
38 미술관 가기
39 가드닝 즐기기
40 와인 즐기기
41 DIY 해보기
42 바다 보러 가기
43 합창단 들어가기
44 시조 배우기
45 영어를 제외한 외국어 배우기
46 댄스 배우기
47 승마 배우기
48 악기 배우기
49 온천 가기
50 재즈 음악 듣기

이러한 기분 전환은 스트레스 해소에도 좋다. '코핑(coping)'이라고도 불리며, 과학적으로도 증명된 방법이다.

6-4

언런 기억하기

70살을 넘긴 내가 학생이었을 때와 똑같이 요즘 어린이, 청소년들도 수험 공부에 여념이 없다. 유명한 대학을 졸업하면 취업에 유리하다는 것은 모두가 알고 있는 사실이다.

신문 기사, 잡지 기사, 책 등 다양한 매체에서 '일본은 이제 학력 사회가 아니다. 능력주의다'라는 제목이 보이기도 하지만 이런 제목이 눈에 띈다는 것은 곧 아직도 학력 사회가 만연하다는 반증이기도 하다. 이러한 시스템이 오늘날의 젊은 세대를 창의성과 멀어지도록 만든다고 느끼는 것은 비단 나뿐일까?

지식편중주의가 팽배해질수록 번뜩임이나 직감과 같은 뇌의 우수한 능력이 빛을 발하지 못하게 된다. 지식을 머릿속에 욱여넣을수록 번뜩임과 직감은 점점 모습을 감추게 된다.

서양 사회에서는 '언런(unlearn)'이라는 말을 자주 쓴다. 우리말로 풀면 '탈(脫)학습'이라고 표현할 수 있다. 이 단어는 '배우지 않는다'는 뜻이 아니라 '지금까지 학습한 낡은 지식을 버린다'라는 뜻이다. 이 언런을 통해 창의성을 발휘한 새로운 아이디어를 기대해 볼 수 있다.

어느 기자가 상대성 이론을 주창한 아인슈타인에게 "빛의 속도는 어느 정도입니까?"라는 질문을 했다. 그는 "나는 모릅니다. 사전에서 찾아보십시오"라고 답했다고 한다. 상대성 이론에 대해 생각할 때는 빛의 구체적인 속도는 불필요할뿐더러, 오히려 사고에 방해만 될 뿐이라고 생각한 것이다.

성인은 언런할 것

오늘날의 교육(教育)은 대부분이 '가르칠 교(教)'일 뿐이고, '기를 육(育)'은 경시하는 경향이 있다. '언런'은 '배우지 않는다'는 의미가 아닌, '다시 배운다, 의식적으로 잊는다, 나쁜 습관을 버린다'는 의미다. 학습하면 할수록 지식이 뇌 속에 가득 차 창의성과 직감을 발휘하는 영역이 좁아지기 때문이다.

6-5

주제를 정해 번뜩임을 기다리자

뇌는 여러 이미지를 자유자재로 합성하거나 변형하는 데 뛰어난 능력을 가진 장기다. 일류의 뇌에서는 여러 이미지를 자유자재로 합성하거나 분리하는 작업이 아주 손쉽게 이루어진다. 이것은 우리가 습관처럼 하는 공부와는 정반대라고 할 수 있다.

우리는 수험 공부처럼 정보를 입력해 그것을 충실히 기억하는 데 엄청난 시간을 쏟아왔다. 이것이 뇌의 주요한 기능이자 특기라고 착각하고 있었던 것이다. 하지만 이러한 작업은 뇌의 저차원적인 기능이며, 뇌의 특기도 아니다. 뇌에 저장된 엄청난 이미지를 넣다 뺐다 하면서 이것들을 합성하는 작업을 습관화하면 뇌는 번뜩임을 만든다.

번뜩임을 창출할 때 유념해야 할 것이 한 가지 있다. 그것은 주제를 정한 뒤에 이 작업을 해야 한다는 것이다. 막연히 실천한다고 해서 창의성 넘치는 결과가 나오는 것도 아니며, 번뜩임이 있더라도 쓸모없는 경우가 많기 때문이다.

도표 6-3은 내가 개발한 아이디어 메모다. 이 메모장에는 총 여덟 개의 아이디어를 적을 수 있는데, 먼저 메모장 한가운데에 주제를 적어보자. 그 주제를 머릿속에 집어넣은 후, 무언가 떠오를 때마다 이 용지를 꺼내 아이디어를 채워보자.

도표 6-3 아이디어 메모

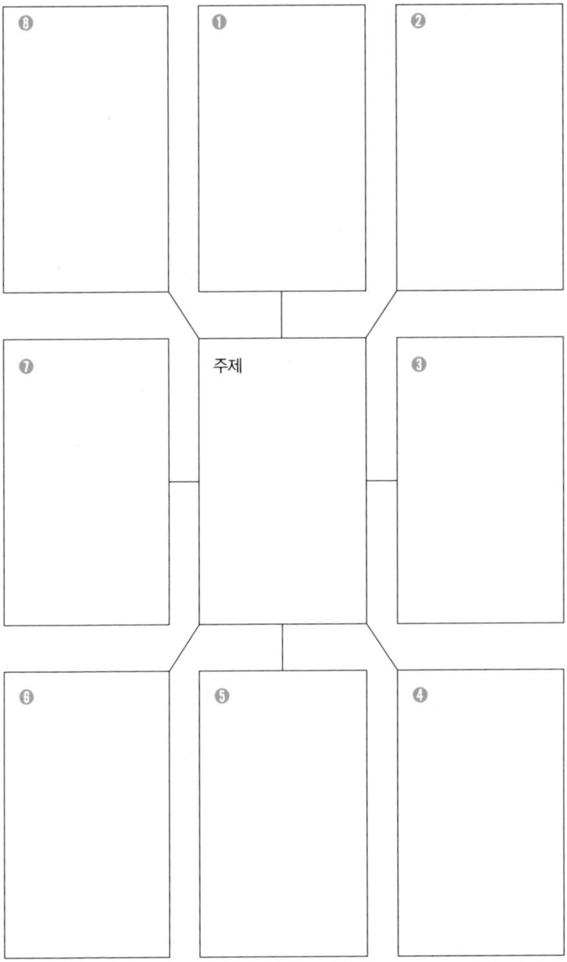

주제에 맞는 아이디어를 떠올리는 습관을 들이고, 뇌 속에 축적된 이미지를 자유자재로 합성하는 연습을 반복한다면, 업무에 유용한 번뜩임을 떠올리는 뇌를 만들 수 있다.

6-6

역사 속 위대한 발명의 계기란?

여기서는 역사 속 세 가지의 위대한 발명과 그 발명의 계기를 소개해보겠다.

● 포스트 잇

미국의 대형 화학 기업 3M의 연구원 스펜서 실버(Spencer Silver)가 개발한 접착제는 어느 물체에 붙여도 쉽게 떨어지는 실패작이었다. 그런데 동료 아서 프라이(Arthur Fry)의 "교회에서 찬송가를 부를 때 책에 끼워 놓았던 종이가 금방 떨어져서 화가 났다"는 이야기를 듣고 실패작의 약한 접착력은 잠시 종이에 붙여 놓기에 딱 좋다는 사실을 깨달았다.

이 실패작은 1977년에 '포스트 잇'이라는 이름으로 제품화되기에 이른다. 이 발명은 일상적인 타인의 불만과 실패작이라는 언뜻 보면 관련 없어 보이는 일들을 조합해 만든 산물이라 할 수 있다.

● 폴라로이드 카메라

미국 폴라로이드사의 창업자인 에드윈 허버트 랜드(Edwin Herbert Land)는 가족과 함께 휴일을 즐기고 있었다. 그런데 세 살짜리 딸이 "어떻게 하면 (촬영한) 사진을 바로 볼 수 있어?"라고 물었다. 랜드는 필름을 현상하지 않으면 바로 볼 수 없다는 사실을 열심히 설명했지만, 딸을 이해시키기는 역부족이었다.

이때 그의 뇌리에 '현상하지 않아도 되는 카메라를 개발하자'라는 상식을 뒤엎은 발상이 떠올랐다. 그리고 1944년, 찍은 사진을 바로 확인할 수 있는 '폴라로이드 카메라'가 출시되었다. 발명의 계기는 딸과의 일상이었다.

● 탈착 이온화

2002년 노벨 화학상을 받은 다나카 고이치(田中耕一)는 단백질 등 생체 고분자의 질량 분석과 관련한 시행착오를 수없이 반복했다. 어느 날, 코발트의 나노 입자를 아세톤 용매에 녹여야 하는데, 글리세린에 섞어버리는 실수를 하고 말았다. 그런데 이때 다나카는 '무언가에 쓰일지도 모르니 버리지 말자'라고 생각해 잘못 만든 재료를 실험에 사용해 보았다.

그는 실패한 재료로 단백질의 질량을 완벽하게 측정할 수 있다는 사실을 발견해 탈착 이온화를 개발하게 되었다.

우연에 의해 만들어진 위대한 발명도 존재한다

발명은 우연적인 사건이나 생각지 못했던 번뜩임이 계기가 되어 탄생하는 경우가 많다. 바로 5-5에서 이야기한 세렌디피티다.

COLUMN 6

역사 속 최고의 천재는 누구일까?

천재 연구가로 저명한 토니 부잔(Tony Buzan)은 다양한 관점에서 역사 속 천재의 순위를 매겼는데, 아래는 2위부터 10위에 해당하는 랭킹이다.

제2위 윌리엄 셰익스피어
제3위 피라미드 건설자
제4위 요한 볼프강 폰 괴테
제5위 미켈란젤로
제6위 아이작 뉴턴
제7위 토머스 제퍼슨
제8위 알렉산더 대왕
제9위 페이디아스(아테네 건축가)
제10위 알베르트 아인슈타인

대망의 1위는 바로 레오나르도 다빈치다. 다빈치 연구의 일인자인 마이클 겔브(Michael Gelb)는 '다빈치의 일곱 가지 법칙'을 소개한다.

1. 호기심
2. 검증
3. 감각
4. 불확실성
5. 전뇌(全腦) 사고
6. 신체
7. 관련

4번의 '불확실성'은 모호함과 모순을 수용하는 것을 뜻하고, 7번의 '관련'은 만물은 서로 연결되어 있다는 의식을 갖는 것을 의미한다. 외부 세계를 있는 그대로 받아들이고, 자연스럽게 아이디어와 직감을 떠올리도록 하는 것이 위대한 발명과 발견으로 이어지는 길이다.

제 7 장

자녀를 일류로 키우는 비결

7-1

유연성으로 넘쳐나던 뇌가 점점 경직된다

2-8에서 이야기했듯, 뇌는 아날로그적인 장기이므로 이미지 처리를 처리하는 일은 능력은 뛰어나지만, 문자나 숫자 처리 능력은 떨어진다. 문자나 숫자를 처리하는 일은 인류에게만 필요한 능력이기에 뇌 입장에서는 새롭고 익숙지 않은 작업이다.

어린이의 경우 초등학교에 입학하기 전까지는 이미지를 파악하거나 그리는 데에 몰두하기 때문에 뇌가 가진 본래의 창의성을 있는 그대로 발휘할 수 있다. 그런데 초등학교에 들어간 순간부터 뇌는 홍수처럼 밀어닥치는 문자와 숫자와 같은 디지털을 처리하는 데 압도당한다. 그 결과는 어떨까?

종이에 크레파스나 연필로 자유롭게 그림을 그려 유연성으로 가득했던 뇌는 딱딱하게 굳어가기 시작한다. 조금 더 쉽게 설명하자면 '3+4=?'의 정답은 7이며, 이외의 정답은 존재하지 않는다. 하지만 '?+?=7'이라면 정답은 무수히 많을 것이다.

문자와 숫자는 어떠한 현상을 이해하고, 진실을 인식하기 위한 도구로는 매우 편리하다. 그러나 우리가 처음 가지고 태어난 유연성과 창의력을 저해하기도 한다.

한국이나 일본에서는 문제의 정답이 하나밖에 없는 암기 위주의 입시 문제가 대부분이지만, 서양에서는 창의력이나 발상 능력을 묻는 입시 문제가 주를 이룬다. 문자와 숫자뿐만 아니라 그림, 사진과 같은 이미지로 사고하는 습관을 기르면 뇌의 유연성 또한 유지할 수 있다.

학교에 다니면서 자유로운 발상을 잃는 경우도 있다

초등학교에서 배우는 내용은 아주 중요한 내용이지만, 문자와 숫자에 압도되어 창의성을 잃고 마는 어린이도 있다.

7-2

아이들의 창의력은 강요하면 저하된다

미국 브랜다이스대학교의 심리학자 테레사 아마빌레(Teresa Amabile) 박사는 7세부터 11세까지의 여아에게 찢어진 종이를 조합해 새로운 디자인의 작품을 만들도록 했다. 그 결과 '경쟁심을 부추기면 오히려 창의력이 떨어진다'는 사실이 밝혀졌다. '다른 아이에게 지면 안 돼!'라고 부추겨진 아이에겐 창의성이 결여된 작품이 만들어졌다.

프로 데뷔 이후 29연승이라는 신기록을 세운 장기 기사 후지이 소타(藤井聡太)가 주목 받았었는데, 그의 아버지는 네 살이 된 아들에게 스위스의 목제 장난감 '큐보로(cuboro)'를 선물로 주었다고 한다. 이 장난감은 유리구슬이 지나가는 길을 입체적으로 만들어서 굴리는 것으로, 어른들에게도 꽤나 복잡한 놀잇감이다.

나는 그가 창의성을 길러 기사로 재능을 꽃피우는 데 이 놀이가 일조했다고 생각한다. 큐보로에 빠져 오랫동안 집중하는 모습을 본 그의 부모는 '무언가에 열중하고 있을 때는 방해하지 말자'고 생각했다고 한다. 창의력은 강요당하는 것이 아니라 자발적으로 행동했을 때 길러진다. 이것이 주입식 교육과의 결정적인 차이다.

또 미국 일리노이대학교의 심리학자 안드레아 타일러(Andrea Tyler)는 어린 아이들의 놀이를 관찰했다. 식물이 많은 지역에서 노는 그룹과 식물이 매우 적은 지역에서 노는 그룹을 비교한 결과, 식물이 많은 지역에서 노는 아이들은 창의성이 높은 놀이(소꿉놀이, 역할 놀이, 새로운 놀이)를 압도적으로 많이 했다. 이는 식물이 많은 곳이 창의성을 기르기에 아주 적합한 환경이라는 것을 의미한다.

강요당하면 저하되고 스스로 행동해야 느는 창의력

경쟁을 강요당한 어린이
자신이 좋아하는 놀이에 열중하고 있는 어린이

억지로 하는 일에 창의력을 발휘하는 것은 어렵지만, 좋아해서 하는 일이라면 창의력을 발휘하면서 성장한다. 이는 어린이뿐 아니라 성인도 마찬가지다.

7-3

아이의 창의성 길러주기

미국의 심리학자 발라흐(Wallach)와 코간(Kogan)은 어린이를 아래 네 타입으로 나누어 어른이 될 때까지 추적 조사를 시행했다.

① 지능이 높고 창의성도 높은 그룹
② 지능은 높지만 창의성이 떨어지는 그룹
③ 지능은 낮지만 창의성이 높은 그룹
④ 지능이 낮고 창의성도 떨어지는 그룹

당연히 ①번 그룹 아이들이 천재가 될 가능성이 높고, ④번 그룹 아이들은 가능성이 낮을 것이다. 우리가 주목해야 하는 이들은 ②번과 ③번 그룹이다. ②번의 '지능은 높지만 창의성이 떨어지는 그룹'의 아이들은 극히 평범한 성인이 되는 경우가 많았다. 반면 ③의 '지능은 낮지만 창의성이 높은 그룹'의 아이들은 각자의 장기를 살려 독창적인 발견을 하는 천재가 될 가능성이 높았다.

지능은 문자와 숫자를 매개로 길러지고, 창의성은 이미지를 매개로 길러진다. 만약 여러분의 자녀가 만 5세 이하라면 이미지를 이용한 사고를 할 수 있도록 적극적으로 독려해 보자.

캐나다 웨스턴온타리오대학교의 한 실험 결과 비디오나 슬라이드를 이용해 영상 이미지를 기억시키면 그렇지 않은 기억과 비교해서 기억력이 세 배나 향상된다는 사실이 밝혀졌다. 읽어주는 방식도 효과적이다. 특히 4세 이전에는 시각보다 청각이 더 민감하게 반응하므로 부모가 글을 읽어 들려주면 머릿속에서 이야기와 관련된 이미지가 떠올라 아이의 창의성도 길러진다.

신동이라고 불렸지만…

지능이 높아도 창의력이 없으면 평범한 어른이 될 가능성이 높다. 반대로 지능이 조금 떨어지더라도 창의력이 뛰어난 아이는 자신의 장기를 살려 재능을 발휘하기 쉽다.

7-4

올바른 칭찬법과 잘못된 칭찬법 알기

자녀를 일류로 키우고 싶다면, 평소에도 자녀 자신의 장점을 자주 알려주자. 우리는 의외로 나 자신이나 가족의 장점에 무관심하다. 특히 사신의 자녀라면 더욱 그렇다. 부모님의 칭찬은 아이에게 좋은 영향을 끼친다. 아이는 부모의 칭찬으로 자신감을 얻고 잠재 능력을 한층 더 발휘할 수 있게 된다.

하지만 모든 칭찬이 순기능을 하는 것은 아니다. 칭찬에도 올바른 방법과 잘못된 방법이 있다. 올바른 칭찬법은 '노력'에 초점을 맞춰 열심히 한 부분을 칭찬해 주는 것이다. 예를 들어 피아노를 배우는 아이가 피아노 발표회에 참가했다면 "정말 열심히 했구나!"라고 크게 칭찬해 주자. 설령 피아노 연주를 잘 해내지 못했어도 열심히 했다는 것에 초점을 맞추어 칭찬해 주면 된다.

잘못된 칭찬법은 재능을 칭찬하는 것이다. 앞의 예와 같이 피아노 발표회에 참가한 아이에게 "역시! 피아노 연주에 재능이 있구나!"라고 칭찬하는 방법이다. 언뜻 보기에 '아이에게 자신감을 심어주는 것 아닌가?' 하는 생각이 들지도 모른다. 하지만 이 칭찬법은 아이가 잘하고 있을 때는 괜찮지만, 그렇지 않은 상황에서 역효과가 날 수 있다.

● 재능을 칭찬하면 역경을 딛고 일어나지 못한다

아이의 재능만 칭찬하면 아이는 자신의 재능으로 본인을 평가하려고 한다. 그렇게 되면 일이 잘 풀리지 않았을 때 '나는 재능이 없어서 잘 안 되는구나'라는 생각을 하게 된다. 재능의 유무는 스스로 해결할 수 없는 영역이기 때문에 자신감을 잃어버리면 다시 일어서기 쉽지 않다.

재능이 아닌 노력을 칭찬하자

재능을 칭찬받은 아이

쾌감 느끼기

재능은 스스로 조절할 수 없지만, 노력은 가능하다. 자기 자신을 컨트롤하는 감각을 어렸을 때부터 익히는 것이 중요하다.

반대로 노력을 칭찬받은 아이는 일이 잘 풀리지 않을 때 '아직 노력이 부족해서 그런 걸 거야'라고 생각한다. 노력은 스스로 해결할 수 있기 때문에 자신감을 잃을 일도 없다. 반대로 '더 열심히 해야겠다. 그러면 더 잘할 수 있을 거야'라고 생각하면서 더 힘을 내게 된다.

재능이 아니라 노력의 소중함을 가르치면 아이는 인내심을 배우게 된다. 지능 연구의 대가 로버트 스턴버그(Robert J. Sternberg) 박사는 아래와 같이 주장한다.

> 고도의 전문성을 익힐 수 있는지 없는지 결정하는 요인은 이미 갖춰진 능력이 아니다. 그것을 좌우하는 것은 목적에 따라 능력을 끝없이 발휘할 수 있는지 아닌지에 달려 있다.

가치 있는 목표를 달성하려는 인간의 동기나 욕구를 '달성 동기'라고 한다. 이 연구의 일인자인 미국 스탠퍼드대학교의 캐롤 드웩(Carol Dweck) 박사는 마인드셋(mindset, 마음가짐)을 단단한 마인드셋과 부드러운 마인드셋으로 분류한다. 앞의 예로 보면 재능에 기대는 아이는 단단한 마인드셋을 가졌고, 노력 여부에 따라 결과는 달라질 수 있다고 생각하는 아이는 부드러운 마인드셋을 가진 아이다.

같은 상황 속에서도 각자의 해석 방식에 따라 이후의 행동이 달라지고, 행동의 차이는 성과의 차이를 낳는다. 도표 7-1은 드웩 박사가 제시한 칭찬 방법 분류표로 이 내용을 꼭 실천해 보자.

도표 7-1 칭찬 방법 분류

이 칭찬을 늘리자! 이 칭찬을 줄이자!

	'과정' 칭찬하기	'재능' 칭찬하기
유아	너무 잘 달렸어	발이 참 빠르구나
	열심히 했구나	머리가 좋네
	조용히 있어줘서 고마워	착하네 역시 형이라 다르네
	그림을 잘 그렸구나	그림에 재능이 있구나
초등학생 이상	열심히 노력했구나	정말 머리가 좋구나
	너한테는 쉬울지도 모르겠다. 조금 더 어려운 것에 도전해 보자	이 분야에 재능이 있구나
	문제에 접근하는 방식이 좋구나	대단하다. 공부도 많이 안 했는데 좋은 성적이구나
기타 어느 쪽에도 해당하지 않는 '대단하다', '해냈구나'와 같은 말은 마인드셋에 영향을 끼친다는 데이터는 없지만, 충분히 격려가 된다.		

출처: トレ ーシー・カチロー,『最高の子育てベスト55』, ダイヤモンド社, 2016.

7-5

말 걸기, 읽어주기, 질문이 뇌의 입력 출력 기능을 단련시킨다

'쇠뿔도 단김에 빼라'는 속담이 있다. 나는 이 속담을 변형해 '뇌는 어렸을 때 단련해라'는 말을 부모들에게 한다. 3세까지 부모가 자주 말을 걸어준 아이는 그렇지 않은 아이보다 어휘력이 뛰어날 뿐만 아니라 IQ도 높았다. 이 사실은 추적 검사를 통해 밝혀진 내용이다.

『최강의 육아55(最高の子育てベスト55)』를 저술한 육아 전문 기자 트레이시 커크로(Tracy Cutchlow)에 따르면 말 걸기는 출산 예정 10주 전부터 효과가 있으며, 3세까지가 가장 중요한 시기라고 한다. 즉 태아와 나누는 태담이 효과가 있다는 것이다.

읽어주기는 1세까지도 효과가 있다고 하지만, 그 효과가 명확히 나타나는 것은 1세 이후다. 하루에 10~15분 만이라도 좋으니 매일 정해진 시간에 이야기를 들려주는 시간을 만들어 보자. 귀로 들어 뇌에 입력된 언어는 그림과 연동해 뇌를 활성화시킨다.

2세 이후에는 그림책을 이용해 질문해 보는 시간을 갖자. 만 2세 유아는 그림을 보면서 부모의 질문에 대답할 능력이 충분하다. 그런데 단순히 이야기를 들려주기만 하면 뇌의 입력 기능은 단련되지만, 출력 기능은 단련되지 못한다.

뇌는 어렸을 때 단련해라

말 걸기와 읽어주기는 자녀의 뇌를 단련시킨다.

● **어른에게 말 걸듯이 이야기하기**

내 세 살짜리 손자는 '토마스와 친구들'에 나오는 모든 캐릭터 이름을 꿰고 있다. 또 자동차 그림이 그려진 카드를 보여주기만 해도 50종류가 넘는 자동차 이름을 완벽하게 외운다. 어른이 봐도 헷갈리는 '트랙터', '로드 롤러', '지게차', '휠 로더', '기중기차'와 같은 자동차 종류를 구분하기도 한다.

이것은 내가 여러 차례 자동차 그림이 그려진 카드를 보여주면서 "이건 뭐야?"라고 질문하고 대답하는 놀이를 했기 때문이다. 처음에는 당연히 틀렸지만, 잘못된 답을 수정해 주자 금세 맞는 답을 내놓을 수 있게 되었다.

이러한 습관을 들이면 유아의 뇌는 무엇이든 그림과 단어를 연동시켜 기억한다. 지금은 모르는 그림이 그려진 카드를 보고 손자가 먼저 "이거는 뭐야? 이거는?"하고 질문하곤 한다. 무엇이든 외우려는 의욕이 엄청나다. 아이 자신보다 아이의 뇌가 마치 스펀지가 물을 흡수하듯 그림과 연동된 어휘를 엄청난 속도로 기억한다.

아이는 그림 카드뿐 아니라 주변의 모든 대상에 관한 것도 알고 싶어 한다. 나는 "이거는 뭐야?"라는 손자의 질문에 답할 때 '유아 언어'를 쓰지 않고, 어른들에게 하듯 이야기한다. 예를 들어 KTX 그림이 그려진 카드라면 "이건 KTX야"라는 대답이 아니라 "이건 2004년부터 운행을 시작한 초고속 열차 KTX야. 최고 시속은 300킬로미터이나 된단다"라고 말한다. 그러면 손자는 내용을 완벽하게 기억한다.

이처럼 이미지뿐 아니라 언어의 '샤워'를 끼얹어 주면 백지 상태였던 뇌는 효율성 있게 외부의 정보를 기억하는 능력을 습득해 극적으로 변화하게 된다.

대화할 때는 어린이 취급하지 않는다

…그래서 고민되는 건 '리들리 스콧의 대표작은 무엇인가?'에 대한 답이야
<에일리언>도 있고, <블레이드 러너>도 있고… 모두 영화사에 길이 남을 엄청난 걸작이지!
아빠는 무인도에 가져간다면 '에일리언',
죽기 전에 마지막으로 본다면 '블레이드 러너'를 보고 싶은데 말이야~
ALIENS
당신 세 살짜리 애한테 무슨 얘길 하는 거야?

아이들의 기억력은 실로 경이롭다. 대화를 통해 호기심이 생기면 계속해서 새로운 단어를 기억한다. 그러면 아이는 어른처럼 대화할 수 있다. 아이는 우리가 생각하는 것 이상으로 어른의 말을 이해할 수 있는 능력을 가지고 있다.

7-6

이중 언어자로 만들고 싶다면 만 7세까지가 가장 중요

트레이시 커크로는 '어린이의 창의력을 길러주는 아홉 가지 방법'을 제시했는데, 그 내용은 도표 7-2에서 볼 수 있다. 그녀는 쌍둥이를 연구해 창의력은 3분의 1이 유전, 3분의 2가 노력으로 만들어진다는 사실을 밝혀낸 바 있다. 즉 부모가 아이의 적성과 흥미를 잘 파악하고, 자녀가 관심 있어 하고 잘하는 분야를 찾아 단련을 반복하면 천재가 될 수 있다.

아이의 능력을 기르는 데 이른 시기는 없다. 다양한 연구 결과를 통해 7세 이하의 어린이는 원어민과 동등하게 제2의 언어를 습득할 수 있다는 사실이 밝혀졌다. 요컨대 7세가 지나면 되면 제2언어를 학습할 때 일종의 핸디캡이 작용한다고도 볼 수 있다.

만약 여러분의 자녀가 7세 미만이라면, 영어 학습을 본격적으로 시작하는 것을 추천한다. 7세 이후에 시작하는 것보다 훨씬 효율적이기 때문이다.

트레이시 커크로의 『최강의 육아55』에 따르면 이중 언어의 환경이 자녀에게 긍정적 영향을 준다고 한다. 예로 이중 언어자 가정의 아이들은 창의성이 높아질 가능성이 높다.

4~5세 아동을 대상으로 한 실험에서 '가공의 꽃 그림'을 그리도록 하자 이중 언어자 가정의 아이들은 '연과 꽃을 조합한 그림' 등을 그렸지만, 일반 가정 환경의 아이들은 '꽃잎이나 이파리가 없는 꽃' 등을 그려 창의력의 차이를 확연히 보여주었다.

단순히 생각해 보아도 이중 언어자 어린이는 하나의 언어만을 학습하는 어린이에 비해 뇌를 두 배 더 활성화시킬 수 있어 큰 장점이 될 것이다.

도표 7-2 어린이의 창의력을 길러주는 아홉 가지 방법

1. 흥미를 열정으로 바꿀 수 있도록 격려한다
2. 실수를 용납하고 환영한다
3. 회화나 사진 같은 시각 예술, 연극, 독서 프로그램에 참여한다
4. 자녀의 재능을 잘 살펴보고 적극 지원한다
5. 성적보다 학습 내용에 관심을 보인다
6. 하나의 문제에 대한 여러 해결책을 생각하도록 독려한다
7. 해답을 주지 않고 해답을 찾기 위한 '도구'를 제공한다
8. 시각적으로 생각하는 본보기를 보여준다. 예를 들어 가구 배치를 바꾸고 싶을 때 자녀와 함께 스케치를 해본다
9. 새로운 사고방식을 독려하기 위해 예시나 비유 표현을 자주 쓴다

출처: トレ ーシー・カチロー,『最高の子育てベスト55』, ダイヤモンド社, 2016.

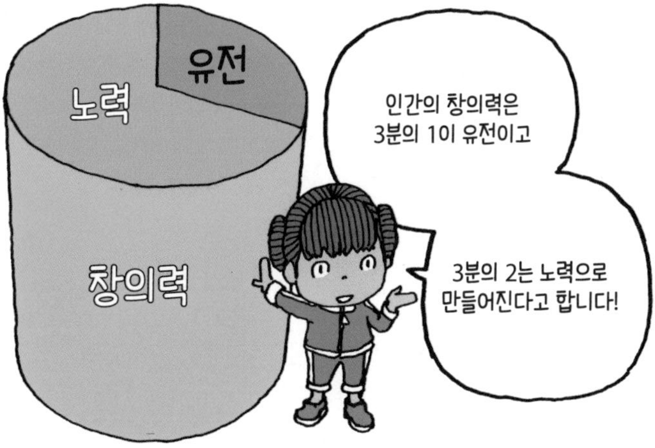

7-7

α파와 θ파 통제하에 두기

나의 전문 분야인 스포츠 심리학에서 뇌파 조절은 무척 중요한 연구 주제다. α(알파)파와 θ(세타)파는 천재의 뇌와 깊은 관련이 있는데, 도표 7-3에 뇌파의 주파수와 그 특징을 정리해 놓았다.

α파는 일명 '번뜩임의 뇌파'라고 불리는데, 직감과 번뜩이는 아이디어가 떠오를 때 나타난다. 주파수는 8Hz에서 14Hz 사이로, 특히 9~11Hz는 미드 α파라고 불린다. 천재들의 위대한 업적을 낳은 번뜩임은 이 뇌파가 발생했을 때 나타났다.

θ파는 주로 얕은 잠에 들어 꿈을 꿀 때 나타난다. 주파수는 4~7Hz 사이로, 최근 연구에서는 집중력이 요구될 때도 θ파가 우세해진다는 사실이 밝혀졌다. 이 분야의 전문가인 도쿄대학교 교수 히사쓰네 다쓰히로(久恒辰博)는 아래와 같이 이야기한다.

> θ파가 치고 올라가는 순간, 해마의 전달 회로가 급격하게 변화합니다. 무수한 신경 세포는 서로 연결되어 있지만, θ파의 출현으로 더 강하게 결속되는 것이지요. 전문적으로 말하면 이온 성분비가 변화한다고 설명할 수 있습니다. 시프트 체인지(shift change, 자동차 기어를 변속할 때 레버가 움직이는 거리)로 기어를 올린다는 느낌이라고 할까요. 이에 따라 해마는 학습 모드로 바뀌게 됩니다.

히사쓰네 다쓰히로 교수에 의하면 기억뿐 아니라 운동 분야에서도 '이제 집중하자'라고 생각하는 순간 θ파가 우세해진다고 한다. 물론 이것은 아주 찰나의 순간이다. 예를 들어 제자리멀리뛰기를 한다면 점프하는 순간 θ파가 치고 왔다가 멀리뛰기를 끝낸 후에는 진다. 그렇다면 이러한 α파와 θ파를 나타나게 하려면 어떻게 해야 할까? 도표 7-4에 α파와 θ파가 우세를 점유하는 상황을 정리해 놓았는데, 방법은 간단하다. α파와 θ파가 나타나는 작업을 많이 하면 된다. 나뿐 아니라 자녀에게도 생활 속에서 이러한 상황을 많이 만들어주자.

도표 7-3 다양한 뇌파의 특징

뇌파의 종류	주파수 대역	특징
δ(델타)파	1~3Hz	깊은 잠에 들었을 때
θ파	4~7Hz	잠들기 직전 꾸벅꾸벅 조는 상태
		좌선이나 명상을 할 때
		창의력이나 기억력을 발휘할 때
α파	8~13Hz	심신 모두 편히 쉬고 있는 상태
		집중력과 학습 능력이 고양되었을 때
β(베타)파	14~29Hz	완전히 깨어 있는 상태로 업무나 집안일 등의 일상생활을 할 때
		이것저것 생각하고 있을 때
		긴장과 불안 상태에 빠졌을 때

도표 7-4 α파와 θ파가 나타나기 쉬운 상황 예시

- 명상할 때
- 취침 중 꿈꿀 때
- 이미지를 떠올릴 때
- 클래식이나 편안한 음악을 들을 때
- 자연 속에서 새나 벌레 소리를 들을 때
- 요가 할 때
- 조깅 할 때
- 깊이 사고할 때
- 복식 호흡할 때
- 게임에 몰두했을 때

7-8

발상이 떠오를 때마다 그림으로 남기자

번뜩임은 이미지에 의해 탄생된다. 이 이미지는 다시 문자로 변환된다. 초등학교에 입학하기 전, 아이들의 뇌는 대부분 그림으로 학습한다. 예로 유치원생은 대체로 그림을 그리면서 시간을 보내기 때문에 이 시기에 우뇌가 급격하게 발달한다. 인간의 일생에서 우뇌가 가장 발달하는 시기는 5~6세라는 설이 있을 정도다.

초등학교에 입학한 후에는 문자와 숫자를 매개로 한 학습이 시작되고, 이미지로 학습하는 습관이 현저히 줄어든다. 이때부터 대학교를 졸업할 때까지 좌뇌를 혹사하는 교육이 계속되기 때문에 번뜩임이나 발상을 담당하는 우뇌를 단련하는 시간이 자연스럽게 부족해진다. 결국 우리는 이렇게 창의성을 잃고 만다.

이런 이유에서 자녀가 초등학교에 입학한 후라면, 내가 개발한 '연상 이미지 트레이닝'을 통해 우뇌를 단련해 보길 바란다. 어른이 해봐도 괜찮은 방법이다. 이 트레이닝은 번뜩이는 능력을 효과적으로 향상시킬 수 있고, 방법도 간단하다.

도표 7-5는 연상되는 이미지를 기입하는 용지다. 이 용지에는 12개의 아이디어를 적을 수 있다. 우선 날짜, 날씨, 주제를 적는다. 아이디어를 떠올릴 때는 반드시 주제에 맞는 생각을 해야 한다. 왜냐하면 뇌는 주제를 입력해야 활발히 움직이는 장기이기 때문이다. 이때 자연스럽게 발상이 떠오를 텐데, 그 감각을 기억해두자. 또 연상하면서 뇌리에 떠오른 그림을 그려보자. 서툴러도 좋다. 상상하는 이미지와 가까운 그림을 그리는 것이 가장 중요하다.

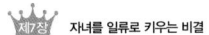

도표 7-5 연상 이미지 기입 용지

날짜 20 ____ 년____ 월____ 일 날씨________________

주제 ____________________________________

❶	❷	❸
❹	❺	❻
❼	❽	❾
❿	⓫	⓬

비고

적어도 하루 세 번 씩 이 훈련을 반복하자. 나는 대학교에서 수업이나 책 주제에 대해 생각할 때 반드시 이 방법을 사용한다. 나는 20~30초 간격으로 그림 12개를 완성하려고 노력한다.

7-9

자녀의 뇌 특성 확인하기

번뜩이는 아이디어를 창출하기 위해서는 좌뇌보다 우뇌를 활성화시키는 게 더 빠르다. '작가나 수학 천재는 좌뇌가 활성화되어 있어서 천재가 된 것이 아닐까?'라고 생각하는 사람이 있을지도 모르지만, 이들은 대부분 우뇌로 이미지를 떠올리면서 아이디어를 얻는다. 물론 이들은 청각, 촉각, 후각과 같은 감각 기관도 총동원하여 번뜩이는 아이디어를 창출한다. 그 다음 단계에서 작가는 번뜩임을 언어로, 수학자는 숫자로 변환했을 뿐이다.

최근 fMRI의 발전으로 자신의 뇌가 어떤 타입인지 확인할 수 있게 되었다. 하지만 비용적인 문제 등으로 인해 아직까지는 가벼운 마음으로 fMRI 검사를 하긴 쉽지 않다.

도표 7-6를 통해 자신의 뇌가 어떤 타입에 해당하는지 간단히 확인해 볼 수 있다. 이 검사지를 이용하여 자녀가 좌뇌형인지 우뇌형인지 확인해 보자. 물론 여러분 자신의 뇌 타입을 확인해 보는 것도 좋다.

아이의 뇌 타입을 이해하고 잘하는 분야를 더 향상시켜 준다면 아이의 잠재 능력을 끌어올릴 수 있을 것이다. 반대로 뇌 타입을 이해하지 않고 익숙하지 않은 분야를 억지로 발달시키려고 하면 과장을 조금 보태서 시간 낭비밖에 되지 않는다. 아이가 본래 가진 재능의 가능성마저 묻어버릴 수 있기 때문이다.

2017년 세계 탁구 선수권 대회에서 일본인으로는 48년 만에 동메달을 따낸 히라노 미우(平野美宇) 선수와 후지이 기사도 인생을 모두 바쳐 가장 자신 있는 분야를 단련했기 때문에 좋은 결과를 이룰 수 있었다. 전문 분야 외의 영역에서는 다른 사람과 같은 평범한 뇌를 가져도 좋다. 한 가지 분야를 철저히 파고드는 것이 가장 중요하기 때문이다.

도표 7-6 우뇌형과 좌뇌형 구분하기

아래 질문을 읽고 '네, 아니오'에 해당하는 부분에 ○표시를 합니다.

❶	그림 그리기를 좋아한다	네	아니오
❷	형형색색의 그림을 자주 본다	네	아니오
❸	아이디어를 잘 낸다	네	아니오
❹	정리 정돈을 잘 못한다	네	아니오
❺	논리적 사고가 어렵다	네	아니오
❻	방향치는 아니다	네	아니오
❼	시간 감각에 예민하다	네	아니오
❽	기억력에 자신이 있다	네	아니오
❾	책을 읽으면 이미지가 마구 떠오른다	네	아니오
❿	왼손잡이다	네	아니오
⓫	국어보다 수학을 잘한다	네	아니오
⓬	공상하는 것을 좋아한다	네	아니오
⓭	천문학에 관심이 있다	네	아니오
⓮	나의 직감은 날카롭다	네	아니오
⓯	감에 의존해 행동할 때가 많다	네	아니오
⓰	계획을 세우지 않고 여행하는 것을 좋아한다	네	아니오
⓱	금전 감각이 둔한 편이다	네	아니오
⓲	운동 신경에는 자신이 있다	네	아니오
⓳	나는 로맨티스트다	네	아니오
⓴	이치에 맞게 사고하는 것이 어렵다	네	아니오

'네'라고 답한 개수가 17개 이상	우뇌 편중형	당신은 전형적인 우뇌형 인간입니다.
'네'라고 답한 개수가 13~16개	우뇌 우선형	당신은 우뇌를 우선하는 경향이 있습니다.
'네'라고 답한 개수가 8~12개	균형형	당신은 양쪽 대뇌 반구를 균형 있게 사용하고 있습니다.
'네'라고 답한 개수가 4~7개	좌뇌 우선형	당신은 좌뇌를 우선하는 경향이 있습니다.
'네'라고 답한 개수가 3개 이하	좌뇌 편중형	당신은 전형적인 좌뇌형 인간입니다.

7-10

골든 에이지의 힘 이해하기

9~11세의 뇌는 기술을 습득하는 데 가장 적합한 것으로 알려져 '골든 에이지(Golden Age)'라고 불린다. 올림픽 메달리스트나 프로 스포츠 선수의 경우, 이 시기를 지나치면 크게 성공하기 어렵다고도 한다.

뛰어난 기술을 연마하기 위해서는 골든 에이지 전후의 시기 또한 중요하다. 3~8세는 '프리 골든 에이지(Pre-Golden Age)'라고 불리며, 운동선수로 성공하길 바란다면 무척 중요한 시기다. 이 시기에 철저한 반복 훈련을 한다면, 뇌 속에 운동 프로그램이 효율적으로 기억된다.

12~14세는 '포스트 골든 에이지(Post-Golden Age)'라고 불리며 실전 경험을 쌓아 전략과 기술을 갈고닦는 시기다. 즉 커리어를 다듬는 시기라고 볼 수 있다.

나는 2006년 수학의 노벨상이라고 불리는 필즈상을 받은 수학자 테렌스 타오(Terence Tao)만큼 천재라는 단어에 걸맞은 사람은 없다고 생각한다. 그는 만 7세에 고등학교 수업을 들었고, 10세 때 국제 수학 올림픽에서 동메달을 획득했으며, 12세에는 역사상 가장 어린 나이에 금메달을 목에 걸었다. 그리고 13세에는 대학생이 되어 21세에는 UCLA 교수가 되었다.

그런 그의 재능을 꽃피울 수 있게 한 것은 바로 그의 부모님이었다. 어린 시절부터 책과 장난감을 주면서 혼자서 노는 습관을 들이도록 했다. 그의 아버지는 "자발적으로 학습하고자 하는 자세가 독창성과 문제 해결 능력을 키운 것 같다"고 했다.

도표 운동 기능 발달 피라미드

골든 에이지와 그 전후 시기는 다양한 기술을 습득하기에 가장 적합한 시기다. 자녀의 재능을 꽃피우고 싶다면 이 타이밍을 놓치지 말자.

참고: ブラウン, 1990.

7-11

강한 승부욕 유지하기

천재는 소질이나 환경만으로 만들어지지 않는다. 포기를 모르는 사람이 천재가 된다. 아무리 선천적인 재능이 뛰어나도 쉽게 포기하는 사람은 절대 천재가 될 수 없다. 스포츠나 바둑, 장기처럼 '승패가 모든 것을 말하는 분야'라면 포기를 모르고 승부욕이 강한 사람만이 그들의 잠재 능력을 발휘해 성공할 수 있다.

장기 기사 후지이 소타는 '데뷔 이래, 29연패 달성'이라는 강렬한 데뷔전을 치렀다. 그는 어렸을 적부터 승부욕이 무척 강했는데, 이에 관련한 한 일화도 전해진다.

2010년 후지이가 초등학교 2학년 때의 일이다. 다니가와 고지(谷川浩司) 9단의 지도를 받은 적이 있는데, 다니가와는 핸디캡을 갖고 시작했음에도 우세를 점했고, 곧 후지이가 지기 직전의 상황에 이르렀다. 이때 다니가와가 도움의 손길을 뻗어 이렇게 이야기했다.

(이번 장기판은) 비긴 것으로 할까요?

위대한 대선배의 배려 깊은 한 마디에 후지이는 장기판을 끌어안고 대성통곡을 했다고 한다. 그는 어릴 적부터 장기에서 지고 엉엉 운 적이 한두 번이 아니었다. 또 승부에 무척 집착했다고 한다. 패배를 교훈 삼아 다음에는 승리할 수 있도록 의욕을 끌어올리는 것은 천재들의 어린 시절에서 발견되는 공통점이다.

테니스 선수 니시코리 게이(錦織圭)도 연장자인 선수에게 졌을 때 항상 눈물을 흘렸다고 한다. 패배를 통해 성장하려는 욕구가 거센 것도 천재의 공통점이다.

COLUMN 7

빠른 걸음으로 생각하자

빨리 걷기가 발상 능력에 큰 도움이 된다는 실험 결과가 있다. 일본체육대학의 교수 엔다 요시히데(円田善英)는 피실험자에게 아래의 세 종목을 정해진 속도로 운동하도록 했다.

① 달리기(150m/m)
② 빨리 걷기(100m/m)
③ 걷기(50m/m)

①번의 달리기 그룹과 ③번의 걷기 그룹은 운동 중에는 높았던 집중력이 운동을 멈추자마자 떨어지기 시작했다. 그런데 ②번 빨리 걷기 그룹만은 운동을 끝내도 집중력이 유지되었다. 평소에도 빨리 걷는 습관을 들이면 우리 생활에 도움이 되는 참신한 아이디어를 떠올릴 가능성이 높아질 것이다.

나 또한 빨리 걷기를 매일 실천하고 있다. 책상 앞에 앉아서 컴퓨터를 노려보며 '흐음, 흐음' 하고 고민해 봤자 좋은 아이디어는 떠오르지 않는다. 오히려 빨리 걸으면 자연스럽게 좋은 아이디어가 떠오른다.

저서 집필을 끝낸 후, 오전에 30분 동안 빠른 걸음으로 걷는 것이 나의 일과다. 스마트폰으로 듣기 편안한 음악 들으면서 걷는데, 30분 내내 빨리 걷는 것은 아니다. 3분 간격으로 경보와 보통 속도의 걷기를 섞어 걷는 '인터벌 트레이닝'을 하고 있다. 빨리 걷는 도중에 좋은 아이디어가 떠오르면 잠시 서서 스마트폰의 메모 기능을 이용해 기록하기도 한다. 이것이 나의 발상 능력을 높이는 팁이다.

천재는 패배를 그냥 넘기지 않는다

지고 난 후, 분한 기분을 느끼는 것은 누구나 똑같다. 하지만 그런 비참한 감정에 잠식당하거나 패배한 원인에서 등을 돌리기보다 '왜 졌을까?' 하고 냉정히 생각하고 분석하여 다음 시합을 준비하는 선수가 성장한다.

제 8 장

자녀를 일류 운동선수로 키우는 기술

8-1

일류 운동선수라면 절대 빼놓지 않는 반복 연습

나는 UCLA에서 2년간 유학 생활을 했는데, 미국 대학교 농구 역사상 최고의 감독으로 불리는 존 우든(John Robert Wooden)은 UCLA를 여러 차례 NCAA(전미대학체육협회) 챔피언으로 이끌었다. 그는 저서에서 이런 이야기를 했다.

> 치열한 노력 없이 위대한 업적을 이룬 사람이 한 명이라도 있다면 그 사람의 이름을 대보라. (중략) 성공과 위대한 업적을 이룬 사람은 모두 같다. 회사원, 성직자, 의사, 변호사, 배관공, 예술가, 작가, 감독, 선수 모두 직업은 다르지만 성공한 사람은 기본적인 자질을 갖추고 있다. 그것은 바로 엄청난 노력가라는 사실이다. 아니, 그것 이상으로 이들은 노력을 사랑하는 사람이다.
>
> ジョン・ウッデン, 『元祖プロ・コーチが教える育てる技術』, ディスカヴァー・トゥエンティワン, 2014.

나는 존 우든의 '반복 연습으로 만들어진 기초에 개성과 상상력이 꽃핀다'는 생각을 지지한다. 최근 스포츠계에서도 '반복 연습이 동작의 자동화를 실현하고, 이에 따라 창의성도 발전한다'는 사고방식이 널리 퍼지고 있다.

자신의 적성을 파악하고 그 재능을 오랫동안 단련해 극한까지 끌어올려야 그 분야의 정점에 오를 수 있게 된다. 어느 분야든 지름길이라는 예외는 없다.

반복 연습은 실력 향상의 지름길

어떤 운동선수든 반드시 빼놓지 않는 것이 바로 반복 훈련이다. 하루 한 번 집중해서 연습하고, 수정을 거듭해 최적의 움직임을 익힌다. 이 움직임이 몸에 배면 '기초를 다졌다'고 말할 수 있다. 반복 훈련만큼 확실한 지름길은 없다. 이것이 나의 지론이다.

8-2

반복 연습은 선수의 창의성을 만든다

두 프로 축구 선수가 골을 넣는 장면을 상상해 보자. 한 명은 크리스티아누 호날두고, 또 다른 한 명은 보통 수준의 프로 선수다. 압박감이 적고 난이도가 낮은 상황에선 이 둘의 차이는 크지 않다. 하지만 어려운 상황에서 이 두 선수의 창의성에는 큰 차이가 생긴다.

여기서 말하는 창의성이란 순간적으로 발휘되는 고도의 기술이 아니라 상대 팀 선수의 움직임을 파악해서 한순간의 기회를 놓치지 않고 바늘구멍을 통과하듯 골을 넣는 기술을 가리킨다. 일류와 보통 선수를 판가름하는 것은 기술의 다양성보다 어려운 상황 속에서도 창의력을 발휘할 수 있는가의 여부다.

호날두는 고도의 기술을 가지고 있으면서 거의 완벽하게 자동화 처리가 가능하기 때문에 창의성을 발휘할 여유가 있다. 반대로 일반적인 수준의 선수라면 표준적인 기술은 자동적으로 처리가 가능하지만 어려운 상황에서 발휘해야 할 고도의 기술까지는 자동적으로 처리되지 않는다. 그렇기에 창의성을 발휘할 신체적 여유가 생기지 않는다. 즉 고도의 기술을 자동화할 수 있는 선수일수록, 어려운 경기에서 창의성에 자신의 처리 능력을 쏟을 수 있는 것이다.

우리가 순간으로 느끼는 험난한 상황은 창의성이 넘치는 일류 선수의 뇌에서는 슬로 모션으로 변환된다. 결국 기술을 자동화할 수 있게 되어야 창의력이 생기는 것이다.

자동화 수준이 올라갈수록 창의성도 향상된다

고도의 기술을 철저히 반복적으로 연습해야 창의성을 발휘할 수 있다. 호날두의 기술이 창의성 넘치는 것처럼 보이는 것은 이러한 이유 때문이다. 인지 과학 연구 전문가인 대니얼 윌링햄(Daniel Willinham) 또한 "인지의 비약, 직감, 번뜩임 등의 '선견지명'과 관련된 사고는 저차원적 처리 능력을 최소화하고 고차원적 능력에 집중하는 것으로 촉진된다"고 주장한다.

8-3

영재 교육의 효과는 무시할 수 없다

영재 교육을 한다고 누구나 일류가 되는 것은 아니지만, 분명한 사실은 영재 교육의 효과는 매우 크다. 탁구는 일류 선수가 되기 위해선 유소년 시절의 특훈이 필수적인 종목 중 하나다. 일본 내에선 히라노 미우와 이토 미마(伊藤美誠)가 2020년에 개최된 도쿄 올림픽의 유력 메달리스트 후보가 되기도 했다.

히라노는 만 3세에 탁구를 시작해서 어머니가 지도자로 있던 히라노영재교육연구센터 탁구 연구부에서 실력을 키웠다. 2004년 7월에는 전일본 탁구 선수권 대회인 밤비부(초등학교 2학년생 이하 대상)에서 4살의 나이로 최연소 출전했으며, 2007년 7월에는 후쿠하라 아이(福原愛) 이후 두 번째로 초등학생 1학년 나이에 우승자가 되었다.

이토는 만 2세의 나이에 탁구를 시작했고, 4세에는 일본 남자 선수 에이스인 미즈타니 준(水谷隼)의 아버지가 대표를 맡은 도요다치초탁구스포츠소년단에 들어가 지도를 받았다. 그는 2005년 4세의 나이에 전일본 탁구 선수권 밤비부에 처음 출전해 2008년에는 우승, 2010년에는 컵부(초등학교 4학년생 이하 대상)에서 우승을 거머쥐었다.

앞서 언급한 장기 기사인 후지이는 만 5세부터 장기를 시작해 14세라는 최연소 나이에 프로 기사가 되었다. 같은 나이에 프로로 데뷔했던 가토 히후미(加藤一二三)의 기록을 62년 만에 갱신하면서 매스컴의 주목을 받기도 했다. 최근에는 격투기에서도 나스카와 덴신(那須川天心) 등, 주니어 시절부터 시합에 뛰어든 선수가 활약하고 있다.

앞지르는 자가 유리하다

탁구나 장기 외의 다른 종목도 빨리 시작해서 나쁠 것은 없다.

8-4

선천적 재능은 노력을 이기는가?

2016 리우데자네이루 올림픽 남자 100미터 육상 경기에서 금메달을 딴 자메이카의 우사인 볼트는 신장이 195센티미터, 보폭은 275센티미터나 된다. 그의 신체적, 선천적 자질이 그를 역사적인 단거리 선수로 만들어 주었다는 사실은 자명하다.

우리가 아무리 노력해도 이 선천적 재능을 따라갈 수는 없다. 또 기량이 뛰어나지 않아도 올림픽에 출전한 선수들에겐 선천적 요소가 크게 작용한다. 만약 초등학교 운동회 때 달리기에서 매번 꼴등을 기록했다면 안타깝지만 아무리 피나는 노력을 해도 올림픽 선수가 되지 못할 것이다.

테니스 선수 니시코리 게이는 테니스 라켓을 처음 쥐었던 날, 테니스공을 상대 코트로 멋지게 넘겼다고 한다. 음악계에서 절대 음감을 가진 사람들이 우수한 음악가가 되는 데 유리하다는 것도 당연한 사실이다.

만약 자녀가 운동선수를 목표로 한다면 객관적인 소질과 적성을 판단해 주어야 한다. 그리고 자녀에게 재능이 있고, 본인에게도 의욕이 있다면, 그 다음부터는 열정을 쏟아 혹독한 연습을 지속하는 것이 성공의 열쇠가 된다. 혹독한 연습을 지속하는 것 또한 하나의 재능이며, 그 재능의 유무가 평범한 사람과 일류를 구분하는 지점이 된다. 결국 일류 운동선수는 자신이 잘하는 분야를 민감하게 캐치해 그 재능을 극한까지 끌어올린 사람이라고 할 수 있다.

재능과 노력이 일류가 되는 지름길

재능은 중요하다. 하지만 부족한 재능을 채우고 반짝이는 재능을 가진 라이벌을 넘어서기 위해 필요한 것이 바로 노력이다. 재능만으로 일류가 된 사람은 없다.

8-5

부모의 지원이 재능을 꽃피운다

앞서 언급한 히라노 미우가 탁구를 본격적으로 시작한 것은 3살지만, 그 1년 반 전부터 자택 2층에서 전 탁구 선수이자 히라노의 어머니인 마리코(真理子) 씨가 탁구 교실을 운영했다.

이 교실은 학생 세 명으로 시작했는데, 히라노 선수는 처음 탁구를 시작할 무렵 "(어머니의) 탁구 교실에 들어가게 해주세요"라며 어머니를 보챘다고 한다. 이때 마리코 씨는 이렇게 말했다.

> 진짜 같이 할 거야? 그럼 나랑 엄청 열심히 연습해서 다른 학생들에게 방해되지 않을 정도의 실력이 되면 넣어줄게.
>
> 『プレジデントファミリー』 12月号, ダイヤモンド社, 2008.

히라노 선수는 그로부터 4개월 동안 하루도 쉬지 않고 어린이용 트램펄린에 올라가 어머니가 쳐준 공을 열심히 받아쳤다고 한다. 마리코 씨는 '작심삼일로 끝나지 않을까' 하고 생각했지만, 단조로운 연습에도 집중력을 발휘해서 열심히 받아치는 히라노 선수를 보고 혀를 내둘렀다고 한다.

사실 히라노의 아버지인 미쓰마사(光正)도 탁구 선수였다. 미쓰마사는 고등학생 때, 현 대회에서 우승을 거머쥐고, 고교 대항 대회에서는 4차전까지 올라간 경력이 있다.

유소년기에 경험이 풍부한 부모님의 질책과 격려, 그리고 든든한 지원이 있었기에 히라노 선수는 일류의 길에 들어설 수 있었다.

부모의 적절한 지원은 든든한 아군

히라노 선수뿐 아니라 스포츠 일류 선수의 뒤에는 이들의 강인함을 지지하는 부모님의 모습이 숨어 있다.

8-6

자신의 한계에 도전하기

히라노를 일류 탁구 선수로 만든 데는 '최선을 다하라'라는 부모의 가르침이 한몫했다. 그들은 히라노 선수에게 어렸을 적부터 '이기는 것이 전부가 아니다. 마지막까지 최선을 다해 경기를 마치는 것이 중요하다'는 가르침을 강조했다. 타인을 굴복시키는 데 초점을 맞추는 것이 아니라, 자신의 한계에 도전한다는 마음가짐이 그녀를 일류로 만들어 준 것이다.

초등학생을 대상으로 한 제자리멀리뛰기 실험에서도 한 번 멀리뛰기를 시도한 뒤 '최선을 다하자'라고 외친 그룹이 '상대 팀을 이기자'라고 외친 그룹보다 두 번째 시도 기록이 훨씬 좋아졌다는 결과도 있다.

나는 저널리스트 제프 콜빈(Geoff Colvin)이 쓴 『궁극의단련(究極の鍛練)』에서 이 구절을 특히 좋아한다.

> 혹독한 훈련은 힘들고 괴롭다. 하지만 분명 효과가 있다. 혹독한 훈련 경험을 쌓으면 성과가 오르고 죽을 정도로 반복하면 위대한 업적이 된다.

마치 히라노를 위한 문구인 것 같다. 히라노의 어머니는 단순 연습을 묵묵히 반복하는 것도 아이의 재능 중 하나라는 것을 알고 있었던 것이다. '힘들어서 그만둘래'라는 마음을 억눌러 단순한 연습을 반복하고, 그 괴로움을 극복하는 인내심이 일류와 일반인을 판가름하는 잣대가 된다.

인내심이 없으면 일류가 될 수 없다

어릴 때부터 단순한 연습을 반복시키면 아이는 잠재 능력을 갈고닦아 자신의 한계를 뛰어넘고 위대한 업적을 남기게 된다.

8-7

성취감은 동기 부여로 이어진다

2016년 리우데자네이루 올림픽의 체조 개인 종합 종목(마루, 안마, 링, 도마, 평행봉, 철봉)에서 금메달을 획득한 우치무라 고헤이(内村航平)만큼 창의성을 발휘한 체조 선수는 없었을 것이다. 분명 '처음엔 잘 안 됐지만 결국 해냈다'는 성취감이 지금의 그를 만들었을 것이다. 그는 어린 시절을 떠올리며 아래와 같이 이야기했다.

> 체조를 하면서 가장 기뻤던 순간은 초등학교 1학년 때 철봉의 차오르기에 성공했을 때 (중략)

이전까지 실패를 거듭했던 것에 성공했다는 성취감이 뇌리에 깊이 박혀 지금의 우치무라를 만든 것이다. 우치무라의 아버지는 아들의 어린 시절을 회상하며 이렇게 말했다.

> 초등학생 때도 아침에는 30분 정도, 오후에는 5시부터 2시간 정도씩 연습했어요. 근데 사실 제가 '연습해라'라고 말한 적은 지금까지 한 번도 없어요. 스포츠의 경우에는 역시 본인이 납득할 때까지 하는 것이 중요해요. 고헤이도 식사 중에 무언가 떠오르는 게 있으면 식사를 끝마치자마자 트램펄린으로 달려갔었지요.

부모는 자녀가 자발적으로 빠져들 수 있도록 성취감을 느낄 수 있는 환경을 정비해 주자.

사소한 성취감 계속해서 느끼기

달성하고자 하는 목표가 꼭 거창할 필요는 없다. 아주 사소한 실력 향상이라도 든든한 격려가 되기 때문이다. 이러한 경험을 반복하면 큰 목표를 이룰 수 있다.

8-8

집중력과 상상력 단련하기

인간의 뇌는 흥미 있는 분야에 더욱 집중한다. 체조는 집중력과 상상력이 요구되는 전형적인 종목이다. 만약 집중도 되지 않고 머릿속에 떠오르는 것도 없다면 좋은 연기를 보여주지 못할 뿐더러 부상을 입을 수도 있다.

우치무라 고헤의 집중력은 어릴 적 취미였던 곤충 채집으로 길러졌다고 생각한다. 그는 자신의 감각과 본능에 의지하면서 곤충이 있을 만한 곳을 예측하여 도피로를 차단한 뒤 꼭 맨손으로 잡았다고 한다. 곤충 채집에 몰두했던 일과 체조 선수로 성공을 거둔 일은 전혀 관련이 없다고 할 수 없다. 그의 어머니는 우치무라의 상상력을 키워주기 위해 어렸을 때부터 여러 노력을 했다.

> 예를 들어 그림책을 딱 펼쳐서 거기에 뭐가 그려져 있는지 아이에게 설명해 보라고 했어요. 이 연습을 계속했더니 아이는 페이지마다 어떤 그림이 그려져 있는지 전부 외우게 되었죠. 그 외에도 직소 퍼즐을 가지고 놀거나 그림책을 읽어주기도 했어요. 조금은 과하다 싶을 정도로 감정을 담아서요.
>
> 小堀隆司, 「メダリストのつくりかた.」, 『Number』 743号, 文藝春秋, 2009.

우치무라는 초등학생 때 체조 비디오를 보면서 '콘티' 같은 그림을 그렸다고 하는데, 아마 이러한 취미 또한 상상력과 집중력을 키우는 데 효과적이었을 것이다.

집중력과 상상력 훈련법

집중력을 단련하기 위해서는 곤충 채집 같은 사냥 놀이가 효과적이다. 또 상상력에는 앞에서 언급한 바와 같이 그림 그리기가 좋다.

8-9

꾸준히 노력하는 재능 알아보기

미국 펜실베니아대학교의 심리학자인 앤절라 더크워스(Angela Duckworth) 박사는 25세에서 65세까지에 해당하는 2,000명 이상을 대상으로 아래와 같은 조사를 시행했다. "목표를 향해서 지속적인 노력을 할 수 있는 사람은 어떤 사람일까?" 그 결과 아래의 세 가지 규칙대로 행동하는 사람들이 이에 해당한다는 것을 밝혀냈다.

· 관심사를 자주 바꾸지 않는다
· 자신의 의견을 끝까지 관철한다
· 한번 설정한 목표는 바꾸지 않는다

이것은 한 가지 목표를 세운 후, 흔들리지 않고 꾸준히 훈련하는 것의 중요성을 시사한다. 한 가지 해야 할 일을 정했다면 그것을 완수할 때까지는 다른 일에 관심조차 두지 않는 자세야말로 끝까지 해내고 마는 사람들의 공통점이다. 다음 페이지의 도표 8-1를 통해 자신에게 꾸준히 노력하는 재능이 있는지 확인할 수 있다.

앤절라 더크워스는 베스트셀러가 된 그녀의 저서 『해내는 힘 GRIT(やり抜く力 GRIT)』에서 이렇게 말한다.

> (중략) 스스로가 정말 재미있다고 생각하는 것이 아니라면 인내심을 가지고 지속적인 노력을 할 수 없습니다.

평소에 '내가 정말 좋아하는 것은 무엇일까?'라고 자문자답하는 습관을 들여보는 것도 좋다.

도표 8-1 끝까지 해내는 힘 체크 시트

아래 질문에 대해 '네', '아니오'에 해당하는 정도의 숫자를 골라 ○ 표시해 주세요.

		네 아니오
❶	나는 무슨 일이든 끝까지 해낼 수 있다	5 4 3 2 1
❷	역경에 부딪혀도 의욕을 끌어올릴 수 있다	5 4 3 2 1
❸	나는 전형적인 열정가다	5 4 3 2 1
❹	나는 무엇이든 시작하면 무아지경이 되어 일을 지속할 수 있다	5 4 3 2 1
❺	나는 압박에 강한 타입이다	5 4 3 2 1
❻	나는 전형적인 낙관주의자다	5 4 3 2 1
❼	나는 준비의 중요성을 잘 알고 있다	5 4 3 2 1
❽	나는 무엇이든 애매하게 끝내는 것을 싫어한다	5 4 3 2 1
❾	눈앞에 두 가지 선택지가 있다면 망설이지 않고 어려운 쪽을 고른다	5 4 3 2 1
❿	나는 문제를 극복하는 일에 보람을 느낀다	5 4 3 2 1
⓫	나는 실패해도 침울해하지 않는다	5 4 3 2 1
⓬	나는 항상 자신만만한 표정을 짓는다	5 4 3 2 1
⓭	나는 언제나 정신적으로 안정되어 있다	5 4 3 2 1
⓮	나는 기분을 내 마음대로 조절할 수 있다	5 4 3 2 1
⓯	나는 끝까지 해내는 것의 중요성을 누구보다 잘 알고 있다	5 4 3 2 1

평가표

65점 이상 ······················당신의 '끝까지 해내는 힘'은 최고 수준입니다.

55~64점 이상 ··············당신의 '끝까지 해내는 힘'은 우수한 수준입니다.

45~54점 이상 ·············당신의 '끝까지 해내는 힘'은 평균 수준입니다.

35~44점 이상 ············· 당신의 '끝까지 해내는 힘'은 다소 떨어집니다.

34점 이하 ························당신의 '끝까지 해내는 힘'은 매우 떨어집니다.

출처: 児玉光雄,『すぐやる力 やり抜く力』, 三笠書房, 2017.

COLUMN 8

주제를 정해 억지로 떠올리자

아이디어를 떠올리는 힘을 키우고 싶다면, 평소에 억지로라도 생각을 떠올리는 습관을 들이는 것이 좋다. 관심 있는 분야를 항상 머릿속에 넣고 생각을 떠올려 보자. 나는 이 방법에 '강제 발상 트레이닝'이라는 이름을 붙여 여러 기업에 소개하고 있다.

이 강제 발상 트레이닝은 스마트폰만 있다면 언제 어디서든 가능하다. 물론 스마트폰이 없어도 가방에 필기도구만 있다면 할 수 있다. 어떤 방법이든 자투리 시간을 이용해서 생각한 것을 형태로 남겨놓기만 하면 된다.

아이디어는 질보다 양이 중요하다. 만약 하나의 유용한 아이디어를 얻기 위해 20개의 아이디어가 필요하다면, 다섯 개의 유용한 아이디어를 얻기 위해서는 100개의 아이디어를 내면 된다는 단순 계산을 해볼 수 있다.

이 강제 발상 트레이닝의 방법은 무척 간단하다. 도표 F에 적혀 있는 주제 중 하나를 골라 그 주제와 관련된 생각이 떠오를 때마다 스마트폰의 메모 기능을 이용해 입력하거나, 공책에 써나가면 된다. 이 습관을 들여놓으면 누구나 발상의 달인이 될 수 있다.

도표 F 강제 발상 트레이닝의 주제 예시

① 특종 지역의 이미지	⑥ 특정 전자제품의 이미지
② 특정 물고기의 이미지	⑦ 특정 잡지의 이미지
③ 특정 가수의 이미지	⑧ 특정 기업의 이미지
④ 특정 과일, 채소의 이미지	⑨ 특정 관광지의 이미지
⑤ 특정 포유류의 이미지	⑩ 베스트셀러 도서의 제목으로 쓰일 법한 문장

제9장

일류로 나아가기 위한 트레이닝

9-1

그림이 그려진 플래시 카드로 순간 정보 처리 능력 높이기

일류는 이미지를 순간적으로 파악하는 능력이 뛰어나다. 지금부터 소개하는 훈련을 연습하면 정보 처리 능력이 비약적으로 높아져 기억력을 강화할 수 있다.

우선 그림이 그려진 플래시 카드를 준비하자. 플래시 카드는 대량의 정보를 단시간에 기억하는 데 효과적인 도구다. '플래시(Flash)'라는 말에는 '반짝임, 빛남'이라는 의미가 있다. 플래시 카드는 시중에 판매되고 있는 제품을 이용해도 좋고, '동물, 식물, 생활용품'처럼 부모가 직접 주제에 맞게 만들어 주어도 좋다.

이 플래시 카드를 아이에게 1초 간격으로 보여주면서 어떤 그림이 그려져 있는지 읽어준다. 1초 간격으로 계속해서 다음 카드를 아이에게 보여주고, 마지막으로는 카드를 모두 뒤집어 어느 카드에 어떤 내용이 있었는지 맞추게 하는 방식이다.

아이에게 카드를 보여주는 시간은 순식간이다. 이 순간을 이용해 뇌에 정보를 입력하는 것이다. 플래시 카드를 가지고 놀면 순간적인 정보 처리 능력이 길러진다. 순간의 동작이 뇌에 작용해 이미지를 강렬히 머릿속에 저장하면서 뇌가 활성화하기 때문이다.

트럼프 카드를 사용해도 좋다. 처음에는 카드 세 장으로 시작해 보자. 이 카드 또한 부모가 1초에 한 장씩 카드를 재빨리 보여주고, 카드를 모두 뒤집은 상태에서 "두 번째 카드는 뭐였어?"라고 질문하면 된다.

순간적인 정보 처리 능력 단련하기

트럼프 카드를 이용한다면 트럼프의 종류(클로버, 다이아몬드, 하트, 스페이드)와 숫자를 맞추도록 해보자. 모든 카드를 기억해 맞추면 카드 장수를 늘려본다. 여기서 가장 중요한 포인트는 한순간에 본 정보를 정확하게 기억하는 것이다. 조금씩 난이도를 높이면서 카드 장수를 늘려가자.

9-2

밀러 넘버 챌린지로 순간적인 기억력 높이기

'밀러 넘버'는 뇌 한계에 도전하는 데 무척 중요한 개념이다. 미국 프린스턴대학교의 심리학자 조지 밀러(George Miller)는 「매지컬 넘버 7±2」라는 논문에서 '인간의 뇌가 한 번에 기억할 수 있는 수는 7±2개다'라고 주장했다. 인간이 기억할 수 있는 수는 최대 9개, 최소 5개라는 의미다. 02 등의 국번이나 휴대전화의 첫 번호(010)를 제외한 숫자가 7~8 글자로 이루어진 것도 이 밀러 넘버를 고려했기 때문이다.

이제 내가 밀러 넘버 챌린지라고 부르고 있는 훈련법을 소개하겠다. 먼저 부모는 종이에 다섯 글자의 숫자를 적는다. 이때는 아직 자녀에게 숫자를 보여주면 안 된다. 그리고 "1초 동안만 여기에 적힌 숫자를 보여줄 테니까 기억해 봐"라고 말한 뒤, 자녀에게 숫자를 1초간 보여준다. 그 후 아이가 공책에 기억한 숫자를 적도록 한다. 다섯 글자짜리 숫자를 안정적으로 대답할 수 있게 되면 한 글자씩 늘린다.

국어사전, 영어사전 등 사전을 이용한 밀러 넘버 챌린지도 좋다. 사전을 펼쳐서 가장 먼저 눈에 띈 단어를 부모가 공책에 적는다. 이때 너무 어려운 단어는 피하자. 그리고 또 다른 페이지를 열어 같은 방식으로 단어를 기입한다. 처음에는 다섯 가지 단어로 시작하는데, 숫자와 같은 방식으로 1초 동안만 단어를 보여주고 바로 낱말 카드를 가린다. 아이는 순간적으로 본 단어를 공책에 적는다. 이 훈련 또한 단어를 정확하게 기억하게 되면 낱말 카드 수를 하나씩 늘려간다.

밀러 넘버 챌린지

이 훈련은 집중력을 길러줌과 동시에 단기 기억력의 한계도 늘려준다. 물론 한 글자라도 틀린 부분이 있다면 같은 글자 수를 다시 도전해야 한다. 만약 아홉 글자까지 기억한다면 아이의 순간 기억력이 무척 뛰어나다는 증거다.

9-3

동체 시력 트레이닝으로 시력 단련하기

번호판 챌린지는 아이의 동체 시력과 순간 기억력, 암기력을 단련시켜 주는 훈련이다. 동체 시력은 운동선수에게 빼놓을 수 없는 능력이다. 번호판 챌린지는 도구 없이 간단하면서 즐겁게 동체 시력을 단련할 수 있는 방법이다.

메이저 리거였던 이치로는 어린 시절에 이 놀이를 즐겨 했다고 한다. 150킬로미터의 속도로 날아오는 공의 중심부를 한순간에 밀리미터 단위의 정확도로 감지하는 뛰어난 능력은 어렸을 적부터 이러한 놀이를 통해 단련되었다고 볼 수 있다.

놀이 방법은 간단하다. 먼저 반대 방향에서 달려오는 자동차 번호판의 숫자 네 글자를 외운 뒤, 각 숫자에 더하기, 빼기, 곱하기, 나누기를 한 번씩 사용해서 0을 만들면 된다.

예를 들면 자동차 번호가 '5127'이라면 '7－2×1－5=0'이 정답이다. 물론, 0을 만드는 방법은 한 가지로 한정되지 않을 수 있다. 대괄호나 소괄호 등을 사용해도 좋다. 계산 능력이 높아질수록 네 개의 숫자로 0을 만드는 방법은 더욱 늘어날 것이다.

가족 모두 차를 타고 이동할 때 가족끼리 0을 더 빨리 만드는 시합을 해도 좋고, 번호판 하나로 0을 만드는 방법을 몇 개나 생각하는지 겨루어도 좋다. 운전자는 위험하므로 이 놀이에 참여하지 않도록 한다.

동체 시력 트레이닝

예전에는 암기력을 높이는 놀이로 전철표에 적힌 숫자 네 개를 가지고 0을 만드는 놀이를 했었다. 요즘에는 주로 카드를 쓰기 때문에 어려운 놀이가 되었지만.

9-4

사전 빨리 찾기와 끝말잇기 트레이닝으로 집중력과 소근육 단련하기

사전 빨리 찾기와 끝말잇기 트레이닝은 다양한 사전을 이용한 끝말잇기 놀이다. 이 놀이는 집중력을 향상시키고, 소근육을 단련시켜 우뇌를 활성화하는 데 효과가 있다. 사전은 어떤 것을 이용해도 좋지만, 처음에는 국어사전을 사용하길 추천한다. 공책과 스톱워치도 준비하자.

방법은 다음과 같다. 아이에게 첫 번째 단어를 고르게 한다. 끝말잇기가 불가능한 단어만 아니면 무엇이든 좋다. 예를 들어 '여우'라는 단어를 골랐다면 '우산→산책→책상→상장→장소→소나무'와 같은 요령으로 10개의 단어를 이어 공책에 적어놓는다. 그리고 최대한 빠른 속도로 10개의 단어를 사전에서 찾아 단어 옆에 사전 페이지를 적는다. 이때 부모는 모든 단어를 찾을 때까지 시간을 잰다. 시간을 재면 속도감이 생겨 아이들이 놀이에 더 흥미를 갖는다.

이 훈련은 자녀의 나이에 맞추어 변형해 볼 수 있다. 예를 들어 자녀가 저학년이라면 처음에는 열 개의 단어를 한글로 적고, 사전을 찾으면서 한자도 함께 적게 한다. 이 방법을 통해 한자 공부도 함께 할 수 있다. 한자를 잘 모르더라도 사전을 보며 옮겨 적기만 해도 좋다.

고학년이라면 영어 사전을 이용할 수 있다. 이 경우 영어 공부도 가능하다. 처음 끝말잇기로 적은 열 개의 우리말 단어를 최대한 빨리 사전에서 찾아 영어 단어의 스펠링을 단어 아래에 적으면 된다. 사용하는 사전을 바꿔 가며 놀아도 좋다.

사전 빨리 찾기와 끝말잇기 트레이닝

두꺼운 사전을 이용하면 단어량이 많아 더 다양하게 고를 수 있다. 또한 평소에도 사전을 찾는 방법을 연습해 볼 수 있어 좋다.

9-5

잔상 집중 트레이닝으로 집중력 높이기

나는 지금까지 수많은 운동선수를 지도해 왔는데, 우수한 선수일수록 빨리 집중 모드에 들어가는 경향이 있다. 이치로 선수도 "타석에 들어서면 조건 반사적으로 집중력이 높아진다"고 말했다. 시큼한 음식을 떠올리면 자연스레 입안에 침이 고이는 것처럼 몇 천 번, 몇 만 번의 배팅을 반복하면 자연스레 '집중 모드'에 들어가게 된다.

내가 프로 스포츠 선수에게 제안하는 잔상 집중 트레이닝은 무척 쉬우면서, 효과가 즉각적으로 나타나는 방법이다. 다음 페이지를 참고해 따라해 보자. 우선 명함 뒤쪽에 한 변의 길이가 3.5센티미터 정도 되는 정삼각형 두 개를 겹쳐 그린다. 물론 그림을 인쇄해서 명함 뒤에 붙여도 좋다.

다음으로 좋아하는 색으로 도형을 칠해준다. 내가 추천하는 색은 보라색과 주황색이다. 예시 그림처럼 색칠한 뒤, 밝은 곳에서 15초 동안 이 도형을 바라보자. 눈을 감으면 보라색은 밝은 노란색으로, 주황색은 선명한 파란색으로 바뀔 것이다.

그리고 잔상이 없어질 때까지 의식을 이 영역에 집중해 보자. 처음에는 10초 정도 지나면 잔상이 사라지지만, 훈련을 계속하다 보면 잔상이 보이는 시간이 점점 늘어난다. 나중에는 그림을 응시했던 시간의 두 배, 즉 30초 동안 잔상이 남게 되는데, 당신의 집중력이 높은 경지에 올랐다는 증거다.

잔상 집중 트레이닝

한 변이 3.5센티미터
보라색
주황색
① 명함 뒤에 한 변이 3.5센티미터인 정삼각형 두 개를 겹친 도형을 그려 색칠한다
②
지그시 15초 동안 응시한다
③ 눈을 감고 색의 잔상이 없어질 때까지 의식을 집중한다
아른아른

훈련을 계속하다 보면 잔상이 오랫동안 남게 된다.

9-6

왼손과 오른손으로 다른 도형을 그려 소뇌 단련하기

우리는 동시에 다른 동작을 하는 데 익숙지 않다. 예로 왼손과 오른손으로 동시에 다른 그림을 그리려고 하면 그 순간 뇌는 혼란을 느낀다. 일상생활 속의 동작 패턴 프로그램은 보통 뇌에서 하나씩 출력되기 때문이다.

뇌는 평소의 습관화된 프로그램을 출력할 때보다 익숙지 않은 동작이나 경험한 적 없는 새로운 프로그램을 만들어 낼 때 활성도가 높아진다. 이때 소뇌가 그 운동 조절 역할을 맡는다. 요컨대, 소뇌를 단련하기 위해서는 평소에 잘 하지 않는 동작을 하는 것이 좋다.

이제 소뇌 단련에 딱 좋은 훈련법을 소개해 보겠다. 먼저 메모지와 연필을 두 자루 준비하자. 처음에는 도형 그리기에 도전해 본다. 왼손으로는 '세모(△)'를 오른손으로는 '네모(□)'를 그린다. 처음에는 어렵지만, 점점 정확하게 그릴 수 있을 것이다.

동시에 그리는 것이 너무 어려울 때는 단계적으로 연습하자. 처음에는 왼손만 열 번 세모를 그려본다. 그다음에는 오른손도 똑같이 네모를 열 번 그린다. 그 후에 양손으로 세모와 네모를 그려보자. 그러면 이전보다 양손 그리기가 훨씬 수월해진 것을 느낄 것이다. 왼손과 오른손이 각자 도형을 그리면서 뇌가 그 동작을 기억했기 때문이다.

이번에는 시선을 왼손에만 고정한 뒤 양손으로 다른 도형을 그려보자. 아마 왼손의 세모는 잘 그려지지만, 오른손의 네모는 좀처럼 잘 그려지지 않을 것이다. 그다음에는 시선을 반대로 오른손에 두고 똑같은 요령으로 그림을 그려본다. 이번에는 오른손의 네모는 잘 그려지지만, 왼손의 세모가 찌그러진 모양으로 그려질 것이다. 뇌는 시선을 어디에 두는지에 따라 강력하게 반응하기 때문이다.

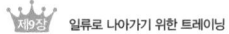

그다음에는 양손을 시야에 넣어 어느 한쪽에 시선을 두지 말고 그려본다. 그러면 점차 손에 익어 양손으로도 도형을 정확하게 그릴 수 있게 될 것이다.

양손으로 다른 그림 그리기 훈련

의식을 한 곳에 집중하지 않고 전체로 분산시키는 것도 집중력 단련의 중요한 포인트다.

9-7

거꾸로 데생 트레이닝으로 관찰력 단련하기

우리는 눈앞의 풍경을 있는 그대로 보고 있다고 생각하지만, 실제로는 그렇지 않다. 이것을 증명하는 실험을 자녀와 함께 해보자. 대상이 되는 물체는 뭐든 좋지만, 이번에는 아이가 곰 인형을 그린다고 가정해 보겠다.

① A4 용지를 준비해 반으로 접는다. 왼쪽에는 곰 인형을 되도록 사실적으로 그린다.
② 완성되면 곰 인형을 뒤집어 놓은 후 그린다. 이때 종이도 거꾸로 돌려 뒤집힌 곰 두 마리가 나란히 그려지도록 한다.

이렇게 두 종류의 데생을 마친 뒤 종이를 원래대로 돌려놓고 두 개의 그림을 비교해 보자. 어느 곰 인형이 사실적인가? 의외로 거꾸로 그린 그림이 더 사실적이었을 것이다.

제대로 놓인 곰 인형을 그릴 때 아이는 자신이 본 그대로 사실적인 그림을 그렸다고 생각하겠지만, 사실 그렇지 않다. 아이의 뇌 속에 존재하는 곰의 이미지와 눈앞의 인형의 모습을 조합하여 그림을 그리게 되므로 생각보다 인형을 자세히 관찰하지 않게 된다.

곰 인형을 거꾸로 놓고 그릴 때는 뇌 속에 저장된 곰 이미지가 전혀 도움되지 않는다. 그러니 눈앞의 곰 인형을 자세히 관찰하면서 그릴 수밖에 없다. 결국 스스로도 놀랄 정도로 사실적인 그림을 그리게 된다.

거꾸로 데생 트레이닝

평범하게 그리면 선입견을 품고 그리게 되는데, 거꾸로 데생의 경우에는 자세히 보지 않으면 그리기 어려우므로 관찰력이 높아지게 된다.

9-8

트레이스 트레이닝으로 뇌의 혼란 경험하기

거울을 이용한 트레이스 트레이닝을 소개해 보겠다. 이 훈련은 해본 적 없는 일을 할 때, 뇌가 얼마나 혼란스러워하는지 확인할 수 있는 실험이다. 동시에 뇌 운동에도 도움이 된다.

① A4 용지 정도의 커다란 종이에 별 모양을 검은색으로 그려준다.
② 별 모양이 그려진 종이를 가지고 거울 앞에 서서 눈앞의 거울을 바라보면서 별 모양을 빨간 색연필로 덧칠한다.

이 훈련을 해보면 알겠지만, 빨간 색연필로 별을 덧칠하는 것은 생각보다 힘들다. 아이에게 시키면, '왜 이렇게 쉬운 일이 잘 안 되지'라며 혼란스러워할 것이다.

이는 거울을 통해 보는 별 모양이 반전되어 보이기 때문에 겪는 현상이다. 우리 머릿속에 있는 별 모양과 거울 속의 별 모양에 격차가 생겨 어려움을 겪는 것이다. 즉 뇌가 일으키는 혼란이라고 할 수 있다. 뇌 속에 이미 고착화된 이미지가 있다면, 눈앞에 보이는 간단한 작업조차 쉽게 해낼 수 없는 것이다.

트레이스 트레이닝

트레이스 트레이닝은 눈앞에 있는 것을 있는 그대로 받아들이는 것의 어려움을 가르쳐 준다.

9-9

나 홀로 가위바위보 트레이닝으로 뇌 활성화하기

손끝은 인체 중에서 가장 발달된 부위다. 손끝을 정교하게 움직이면 뇌가 활성화되어 발상, 직감 능력의 향상을 기대할 수 있다. 물론 자주 사용하게 되는 손가락이 아니라 평소에 움직이는 일이 거의 없는 발가락을 사용하는 것도 도움이 된다.

다음 페이지 그림은 혼자서 양손을 사용하는 가위바위보 트레이닝이다. 처음에는 양손으로 연습해 보자. 규칙은 무척 간단하다. 가위, 바위, 보를 양손에 내되, 비기는 수가 없도록 하면 된다. 1초 간격으로 박자를 맞춰서 양손으로 다른 손을 내는데, "하나, 둘, 셋" 하며 소리를 내서 1분 동안 몇 번이나 다른 손을 냈는지 세어본다. 중간에 비기는 수가 나오면 거기서 게임은 끝이 난다. 이때 어색하고 답답한 감각을 느껴보자.

양손을 이용해 자유자재로 다른 수를 낼 수 있게 되었다면 이번에는 양발을 이용해 같은 훈련을 반복한다. 맨발로 서로 다른 패를 내는 방식이다. 바위와 보는 발로도 쉽게 만들 수 있지만, 가위는 조금 어려울 수 있다. 가위는 엄지발가락을 위로 치켜들고 둘째 발가락은 아래로 내려서 만들어 본다.

양손, 양발로 서로 다른 패를 내는 '나 홀로 가위바위보'는 손끝, 발끝을 정교하게 쓸 뿐만 아니라 뇌의 활성화에도 도움이 된다.

나 홀로 가위바위보 트레이닝

양손과 양발이 다른 움직임을 해야 하기에 뇌 활성화에 알맞은 훈련이다.

9-10

쾌감 이미지 트레이닝을 통해 자유자재로 휴식 취하기

기분 좋은 상상을 하는 습관은 우뇌 발달에 좋은 영향을 끼친다. 자녀가 아래의 장면을 상상할 수 있도록 도와준다면 우뇌에 좋을 것이다. 그리고 그것이 습관이 될 수 있도록 해주자. 아래 문장을 여러 번 읽으면 이 장면을 상상하는 것만으로도 간단히 기분이 좋아지는 이미지를 머릿속에 각인시킬 수 있다.

> 당신은 지금 아름다운 여름 해변에 있다. 먼저 해변을 산책해 보자. 발바닥에서는 뜨거운 모래 감촉이 느껴진다. 바다에는 잔물결이 치면서 발에 차가운 바닷물이 닿아 무척 기분이 좋다.
> 당신은 이제 바다로 들어간다. 그리고 하늘을 본 채 바다 위에 둥둥 떠 있다. 바닷물이 당신 몸을 감싼다. 상쾌한 바람이 뺨을 어루만진다. 강렬한 태양은 전신을 내리쬐고 있다. 바다의 짭짜름한 향기, 파도 소리, 전신을 뒤덮는 차가운 물의 감촉이 오감을 통해 느껴진다.
> 이번에는 바다 안쪽을 들여다보자. 당신의 눈앞에 수많은 열대어가 지나간다. 조금 더 바다 깊이 헤엄쳐 보자. 당신의 눈앞에 여러 마리의 돌고래가 나타났다. 당신은 돌고래와 함께 기분 좋게 물속을 헤엄친다.
> 이제 해가 저물기 시작했다. 석양이 지평선 아래로 저무는 것을 천천히 감상하면서 해변으로 돌아간다. 지평선 너머로 커다란 태양이 저물어간다. 당신은 편히 휴식하면서 기분이 좋아지는 것을 느낀다.

일주일에 여러 번 마음을 차분히 하면서 이런 이미지를 그려보는 습관을 들이자. 기분이 맑아지면서 공부나 동아리 활동에도 전념할 수 있게 된다.

쾌감 이미지 트레이닝

자유자재로 릴랙스 할 수 있는 이미지를 머리에 떠올릴 수 있게 되면, 어떤 상황에서도 마음을 침착하게 다잡을 수 있다.

9-11

복식 호흡 트레이닝으로 차분히 마음 가라앉히기

순식간에 마음을 차분히 가라앉힐 수 있는 훈련법을 소개한다. 퇴근길 혹은 하굣길이나 지하철, 버스 안에서도 할 수 있는 훈련이다.

① 눈을 감고 배를 집어넣으면서 숨을 내쉰다.

② 숨을 다 내쉬었으면 이번에는 배를 부풀리면서 숨을 들이마신다. 이때 시계를 이용해 8초 동안 숨을 내쉬고 4초 동안 숨을 들이마시는 연습을 한다.

이렇게 복식 호흡을 계속하다 보면 마음이 차분히 가라앉는 게 느껴진다. 가능하다면 적어도 5분 정도는 편안한 마음으로 복식 호흡을 연습해 보자.

이때 편안한 마음으로 복식 호흡을 하면서 머릿속에 떠올랐던 생각을 훈련이 끝난 후 공책에 적는 것도 좋다. 떠오른 생각은 아마 단편적인 내용이겠지만, 그래도 좋다. 이런 단편적인 사고 속에 귀중한 번뜩임이나 깨달음이 숨어 있는 법이다. 생각을 적은 종이는 당분간 버리지 말고 가지고 있는다. 일주일 후 적어둔 내용을 다시 읽어보면 의외의 발견이 있을지도 모른다.

이 복식 호흡 트레이닝은 집중력을 높여줄 뿐만 아니라 아이들을 차분히 만들어 준다. 일본의 중학교, 고등학교 운동부에서는 적극적으로 활용하고 있는 프로그램이다.

복식 호흡 트레이닝

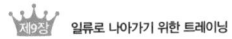

복식 호흡은 스트레스 지수를 낮춰준다. 앉아서 해도 좋고, 서서 해도 좋다.

참고문헌

● 잡지

『プレジデントファミリー』12月号, プレジデント社, 2008.
『Newton』2月号, ニュートンプレス, 2004.
『Newton 別冊-脳力のしくみ』, ニュートンプレス, 2014.

● 서적

ポアンカレ 著, 吉田洋一 訳,『科学と方法』, 岩波書店, 1953.
前原勝矢,『右利き・左利きの科学』, 講談社, 1989.
ジョン・オキーフ 著, 桜内篤子 訳,『「型」を破って成功する』, TBSブリタニカ, 1999.
内藤誼人,『「創造力戦」で絶対に負けない本』, 角川書店, 2002.
内藤誼人,『パワーラーニング』, PHP研究所, 2005.
マルコム・グラッドウェル 著, 沢田博・阿部尚美 訳,『第1感』, 光文社, 2006.
茂木健一郎,『ひらめき脳』, 新潮社, 2006.
池谷裕二,『進化しすぎた脳』, 講談社, 2007.
八田武志,『左対右きき手大研究』, 化学同人, 2008.
堀江重郎,『ホルモン力が人生を変える』, 小学館, 2009.
M.チクセントミハイ 著, 大森弘 監訳,『フロー体験入門』, 世界思想社, 2010.
ジョフ・コルヴァン 著, 米田隆 訳,『究極の鍛錬』, サンマーク出版, 2010.
林成之,『子どもの才能は3歳, 7歳, 10歳で決まる！』, 幻冬舎, 2011.
池谷裕二,『脳には妙なクセがある』, 扶桑社, 2013.
マイケル・マハルコ,『クリエイティブ・シンキング入門』, ディスカヴァー・トゥエンティワン, 2013.
マーティ・ニューマイヤー,『小さな天才になるための46のルール』, ビー・エヌ・エヌ新社, 2016.
トレーシー・カロチー,『最高の子育てベスト55』, ダイヤモンド社, 2016.
アンジェラ・ダックワース 著, 神崎朗子 訳,『やり抜く力』, ダイヤモンド社, 2016.
児玉光雄,『最高の仕事をするためのイメージトレーニング法 』, PHP研究所, 2002.
児玉光雄,『頭が良くなる秘密ノート』, 二見書房, 2003.

児玉光雄,『理工系の“ひらめき”を鍛える』, サイエンス・アイ新書, 2007.
児玉光雄,『ダ・ヴィンチ転脳テクニック』, 東邦出版, 2008.
児玉光雄,『上達の技術』, サイエンス・アイ新書, 2011.
児玉光雄,『勉強の技術』, サイエンス・アイ新書, 2015.
児玉光雄,『すぐやる力やり抜く力』, 三笠書房, 2017.
児玉光雄,『逆境を突破する技術』, サイエンス・アイ新書, 2017.

하루 한 권, 일류

초판인쇄 2023년 04월 28일
초판발행 2023년 04월 28일

지은이 고다마 미쓰오
옮긴이 김나정
발행인 채종준

출판총괄 박능원
국제업무 채보라
책임편집 조지원
디자인 홍은표
마케팅 문선영 · 전예리
전자책 정담자리

브랜드 드루
주소 경기도 파주시 회동길 230 (문발동)
투고문의 ksibook13@kstudy.com

발행처 한국학술정보(주)
출판신고 2003년 9월 25일 제406-2003-000012호
인쇄 북토리

ISBN 979-11-6983-237-3 04400
979-11-6983-178-9 (세트)

드루는 한국학술정보(주)의 지식 · 교양도서 출판 브랜드입니다.
세상의 모든 지식을 두루두루 모아 독자에게 내보인다는 뜻을 담았습니다.
지적인 호기심을 해결하고 생각에 깊이를 더할 수 있도록, 보다 가치 있는 책을 만들고자 합니다.